Heft 14 Sinnesorgane 1

1	Schwingung, Wellen, Akustik	Physik, Physiologie
2	Hör- und Gleichgewichtsorgan	Anatomie, Histologie
3	Hörvorgang und Gleichgewichtssinn	Physiologie
4	Haut und Hautanhangsgebilde	Histologie
5	Somatoviszerale Sensorik	Physiologie

Heft 15 Sinnesorgane 2

1	Optik	Physik
2	Sehorgan	Anatomie, Histologie
3	Sehen	Physiologie
4	Chemische Sinne	Anatomie, Histologie, Physiologie

Heft 16 Lunge und Atmung

1	Entwicklung von Pleuraperikardhöhle, Herz und Schlundbogenarterien	Anatomie, Histologie
2	Anatomie der Atmungsorgane	Anatomie, Histologie
3	Mechanik des Kreislaufsystems	Physik
4	Atmung	Physiologie
5	Gasaustausch	Physiologie

Heft 17 Herz-Kreislauf-System

1	Aufbau des Herzens	Anatomie, Histologie
2	Nerven und Gefäße der Brusteingeweide	Anatomie
3	Physiologie des Herzens	Physiologie
4	Anatomie und Physiologie des Kreislaufsystems	Anatomie, Histologie, Physiologie

Heft 18 Blut und Immunsystem

1	Blut und Blutplasma	Histologie, Physiologie
2	Erythrozyten, Hämoglobin & Sauerstofftransport	Biochemie, Physiologie
3	Thrombozyten, Hämostase und Fibrinolyse	Histologie, Physiologie
4	Leukozyten und Immunsystem	Anatomie, Biochemie, Histologie, Physiologie

Heft 19 Gastrointestinaltrakt

1	Mundhöhle, Rachen, Speiseröhre	Anatomie, Histologie, Physiologie
2	Magen-Darm-Trakt	Anatomie, Physiologie
3	Organe des Magen-Darm-Kanals	Anatomie, Histologie, Physiologie
4	Leber, Gallenblase und Pankreas	Anatomie, Histologie, Physiologie
5	Blutgefäße, Lymphgefäße, vegetative Innervation	Anatomie

Heft 20 Verdauung & Abbau von Nährstoffen

1	Ökologie, Energie- und Wärmehaushalt	Biochemie, Biologie, Physiologie
2	Nahrungsaufnahme	Biochemie, Physiologie
3	Abbau der Kohlenhydrate	Biochemie
4	Fettsäureabbau und Ketonkörperstoffwechsel	Biochemie
5	Aminosäurestoffwechsel und Harnstoffzyklus	Biochemie

Heft 21 Energiestoffwechsel & Anabole Stoffwechselwege

1	Citratzyklus und Atmungskette	Biochemie
2	Gluconeogenese und Glykogenstoffwechsel	Biochemie
3	Lipidsynthese	Biochemie
4	Nukleotidstoffwechsel	Biochemie
5	Stoffwechsel der Leber	Biochemie
6	Fettgewebe	Biochemie

Heft 22 Harnorgane und Elektrolythaushalt

1	Harnorgane	Anatomie, Histologie
2	Nierenfunktion	Physiologie, Biochemie
3	Säure-Basen-Reaktionen	Chemie
4	Säure-Basen-Haushalt	Physiologie, Biochemie
5	Wasser- und Elektrolythaushalt	Physiologie, Biochemie

Heft 23 Endokrines System

1	Endokrines System	Biochemie, Histologie, Physiologie
2	Epiphyse	Histologie
3	Hypothalamus-Hypophysen-System	Biochemie, Histologie, Physiologie
4	Endokrines Pankreas	Biochemie, Histologie
5	Schilddrüse	Anatomie, Biochemie, Histologie, Physiologie
6	Nebenschilddrüsen	Anatomie, Biochemie, Histologie, Physiologie
7	Endokrine Funktionen der Niere	Physiologie, Biochemie
8	Nebenniere	Anatomie, Biochemie, Histologie, Physiologie
9	Diffuses neuroendokrines System (DNES)	Anatomie, Histologie
10	Gewebshormone	Biochemie, Physiologie

Heft 24 Geschlechtsorgane und Reproduktion

1	Entwicklung der Geschlechtsorgane	Anatomie
2	Weibliche Geschlechtsorgane	Anatomie, Histologie, Physiologie
3	Männliche Geschlechtsorgane	Anatomie, Histologie, Physiologie
4	Angewandte und topografische Anatomie	Anatomie
5	Blutgefäße, Lymphgefäße, vegetative Innervation	Anatomie
6	Sexualhormone	Biochemie, Physiologie
7	Sexualität und Reproduktion	Physiologie, Psych-Soz
8	Schwangerschaft und Geburt	Anatomie, Histologie, Physiologie

Heft 25 Medizinstudium: Lernen, Organisation, Physikum

1	How To … Vorklinik
2	How To … Physikum
3	Lernpläne
4	Kreuzen

Die Bände der Reihe „Vorklinik Finale“

20230201d
Irrtümer vorbehalten. Stand 02/2023

Thomas Wenisch

Vorklinik Finale 3

Moleküle und Stoffumwandlungen

1. Auflage

ELSEVIER

Elsevier GmbH, Bernhard-Wicki-Str. 5, 80636 München, Deutschland
Wir freuen uns über Ihr Feedback und Ihre Anregungen an kundendienst@elsevier.com

ISBN 978-3-437-44230-8
eISBN 978-3-437-06331-2

Wichtiger Hinweis
Die medizinischen Wissenschaften unterliegen einem sehr schnellen Wissenszuwachs. Der stetige Wandel von Methoden, Wirkstoffen und Erkenntnissen ist allen an diesem Werk Beteiligten bewusst. Sowohl der Verlag als auch die Autorinnen und Autoren und alle, die an der Entstehung dieses Werkes beteiligt waren, haben große Sorgfalt darauf verwandt, dass die Angaben zu Methoden, Anweisungen, Produkten, Anwendungen oder Konzepten dem aktuellen Wissensstand zum Zeitpunkt der Fertigstellung des Werkes entsprechen.
Der Verlag kann jedoch keine Gewähr für Angaben zu Dosierung und Applikationsformen übernehmen. Es sollte stets eine unabhängige und sorgfältige Überprüfung von Diagnosen und Arzneimitteldosierungen sowie möglicher Kontraindikationen erfolgen. Jede Dosierung oder Applikation liegt in der Verantwortung der Anwenderin oder des Anwenders. Die Elsevier GmbH, die Autorinnen und Autoren und alle, die an der Entstehung des Werkes mitgewirkt haben, können keinerlei Haftung in Bezug auf jegliche Verletzung und/oder Schäden an Personen oder Eigentum, im Rahmen von Produkthaftung, Fahrlässigkeit oder anderweitig übernehmen.

Für die Vollständigkeit und Auswahl der aufgeführten Medikamente übernimmt der Verlag keine Gewähr.
Geschützte Warennamen (Warenzeichen) werden in der Regel besonders kenntlich gemacht (®). Aus dem Fehlen eines solchen Hinweises kann jedoch nicht automatisch geschlossen werden, dass es sich um einen freien Warennamen handelt.

Bibliografische Information der Deutschen Nationalbibliothek
Die Deutsche Nationalbibliothek verzeichnet diese Publikation in der Deutschen Nationalbibliografie; detaillierte bibliografische Daten sind im Internet über https://www.dnb.de abrufbar.

23 24 25 26 27 5 4 3 2 1

In ihren Veröffentlichungen verfolgt die Elsevier GmbH das Ziel, genderneutrale Formulierungen für Personengruppen zu verwenden. Um jedoch den Textfluss nicht zu stören sowie die gestalterische Freiheit nicht einzuschränken, wurden bisweilen Kompromisse eingegangen. Selbstverständlich sind **immer alle Geschlechter** gemeint.

Planung: Susanne Szczepanek
Projektmanagement: Elisabeth Märtz
Redaktion, Abbildungsmanagement: Heike Siebert/Michael Kraft, mimo-booxx|textwerk. – Büro für Verlagsdienstleistungen, Augsburg
„Jetzt bist du dran!"-Seiten: Sabrina Burdorf, Miriam Kirschhock, Merle Sophie Schenk
Rechteklärung: Ramona Mühlbauer, Lisa Neulinger
Herstellung: Hildegard Graf, Germering
Satz: abavo GmbH, Buchloe
Druck und Bindung: Drukarnia Dimograf Sp. z o. o., Bielsko-Biała/Polen
Umschlaggestaltung: SpieszDesign, Neu-Ulm
Titelfotografie: © andris_torms – stock.adobe.com

Aktuelle Informationen finden Sie im Internet unter **www.elsevier.de**

Herzlich willkommen bei Vorklinik Finale!

Hier findest du alle Inhalte, die du für das Physikum brauchst!

Egal ob du am Beginn des Medizinstudiums stehst oder schon kurz vor dem Physikum, ob du in einem Regel- oder Reformstudiengang studierst – Vorklinik Finale unterstützt dich beim effizienten Lernen und Überblick gewinnen!

Gliederung nach Organen:

Durch die Gliederung nach Organen bzw. Organsystemen stehen hier die Inhalte zusammen, die zusammengehören: Die Biochemie, Physiologie und Histologie der Muskeltypen – alles in einem Kapitel. Physik/Optik, Anatomie der Augen und Physiologie des Sehens – direkt aufeinander folgend. Das hat mehrere **Vorteile:**

- Zum einen wird viel deutlicher, warum du naturwissenschaftliche Grundlagen lernst.
- Zum anderen bereitet dich diese Darstellung optimal auf den klinischen Abschnitt und die ärztliche Tätigkeit vor.
- Und außerdem: Bei der Darstellung nach Fächern werden viele Inhalte doppelt dargestellt, damit die Inhalte einem logischen Aufbau folgen. Im Vorklinik Finale sind diese Inhalte bereits zusammengefasst, das erleichtert dir das Lernen! Selbstverständlich sind **alle** relevanten Inhalte der Fächer enthalten.

Das steckt drin:

Vorklinik Finale erläutert dir von Heft 1 bis Heft 6 wichtige Grundlagen – diese lassen sich keinem Organsystem zuordnen, da musst du leider durch! – und führt dich von Heft 7 bis Heft 24 einmal durch alle Organsysteme. **Heft 25 gibt dir wertvolle Tipps zum Lernen im vorklinischen Abschnitt und zur Vorbereitung auf das Physikum.** Schau doch mal rein!

Du kannst die Hefte auf unterschiedliche Art nutzen:

- Während des vorklinischen Abschnitts, um dir einen Überblick über den gesamten Lernstoff zu verschaffen und Inhalte einzuordnen.
- Während des vorklinischen Abschnitts, um schnell zu sehen, wie Inhalte aus den einzelnen Fächern bei einem bestimmten Organsystem zusammenkommen.
- Und natürlich zur Vorbereitung auf das Physikum.

Alles drin und Überblick garantiert!

Ganz vorne und ganz hinten im Heft findest du jeweils eine Gesamtübersicht, einmal nach Organen und einmal nach Fächern.

Wir wünschen dir viel Freude und Erfolg im Medizinstudium!

So nutzt du die Vorklinik-Finale-Hefte

Navigation

Du siehst am Anfang jedes Kapitels und Teilkapitels, welche Fächer enthalten sind:

Physik, Physiologie

Wie bereits erwähnt, gibt es ganz vorne und ganz hinten im Heft jeweils eine **Gesamtübersicht,** einmal nach Organen und einmal nach Fächern.

Diese Markierungen weisen auf wichtige Inhalte hin

MERKE

Hier erhältst du wichtige Tipps und Hinweise.

KLINIK

Hier findest du relevante klinische Inhalte.

FOKUS

Hier stehen klinische Inhalte aus dem Fokuserkrankungs-Netzwerk gemäß Entwurf des neuen NKLM. Sie wurden damit als besonders wichtig für den vorklinischen Abschnitt definiert, und wir empfehlen, sie besonders aufmerksam anzusehen!

Besonders prüfungsrelevante Inhalte sind gelb hinterlegt.

Aktives Lernen und Überblick behalten

CHECK-UP

Am Ende jedes Teilkapitels stehen einige Verständnisfragen zum Selbstcheck. Das vermeidet ein „Gelesen, aber nicht gelernt".

Jetzt bist du dran!

Überblick gewinnen

Diese Kästen findest du am Ende jedes Teilkapitels. Sie erinnern dich daran, dass du dir die Inhalte kurz zusammenfasst, so dass du dir Schritt für Schritt Überblick verschaffst. Die Stichwörter werden am Ende des Kapitels weiterverwendet (siehe unten).

Jetzt bist du dran!

Am Ende jedes Kapitels haben wir dir diese Seite zur Bearbeitung vorbereitet. Sie schlägt dir verschiedene Aufgaben vor, wie du den Inhalt noch einmal aktiv wiederholen kannst.

Zeichenaufgabe / Anregungen zur weiteren Wiederholung

Studierende höherer Semester geben euch Tipps, wie ihr wichtige Inhalte aktiv zu Papier bringt. Ideal zum Wiederholen, allein und in Lerngruppen, auch zur mündlichen Vorbereitung.

Überblick gewinnen

Du hast ja bereits am Ende jedes Unterkapitels einige Stichwörter notiert. Hier kannst du daraus eine Mindmap oder Liste erstellen und damit aktiv Überblick gewinnen.

Abbildungsnachweis

Der Verweis auf die jeweilige Abbildungsquelle befindet sich bei allen Abbildungen im Werk am Ende des Legendentextes in eckigen Klammern.

L253	Dr. Wolfgang Zettlmeier, Barbing
V492	abavo GmbH, Buchloe

Fehler gefunden?

An unsere Inhalte haben wir sehr hohe Ansprüche. Trotz aller Sorgfalt kann es jedoch passieren, dass sich ein Fehler einschleicht oder fachlich-inhaltliche Aktualisierungen notwendig geworden sind. Sobald ein relevanter Fehler entdeckt wird, stellen wir eine Korrektur zur Verfügung. Mit diesem QR-Code gelingt der schnelle Zugriff.

https://else4.de/978-3-437-44230-8

Wir sind dankbar für jeden Hinweis, der uns hilft, dieses Werk zu verbessern. Bitte richten Sie Ihre Anregungen, Lob und Kritik an folgende E-Mail-Adresse: kundendienst@elsevier.com

Inhaltsverzeichnis

KAPITEL

Chemie

1 Chemische Bindung

Thomas Wenisch

Atome verbinden sich zu Molekülen, wenn sie dabei eine energetisch günstigere Konfiguration ihrer Elektronenhüllen erreichen. Ein besonders stabiler Zustand ist die Edelgaskonfiguration s^2p^6 der äußeren Schale, bei der diese mit 8 Valenzelektronen besetzt ist. Nur die erste Schale verfügt über kein *p*-Orbital, sie ist bereits mit der Elektronenanordnung $1s^2$ (Helium) vollständig besetzt.

Es werden verschiedene Arten der chemischen Bindung unterschieden, mit denen die beteiligten Atome diese Anordnung ihrer Außenelektronen erreichen können: die Ionenbindung, die Atombindung und die metallische Bindung.

1.1 Ionenbindung

Bei der Ionenbindung werden Elektronen zwischen den Bindungspartnern übertragen. Diese Bindung entsteht zwischen Elementen **stark unterschiedlicher Elektronegativität.** Die Ionenbindung findet daher zwischen Elementen statt, die im Periodensystem weit voneinander entfernt stehen. Sie kommt bevorzugt zwischen Elementen der 1. und 2. Hauptgruppe mit denen der 16. und 17. Hauptgruppe vor.

- Wenn die Alkalimetalle ihr Außenelektron abgeben, bilden sie Kationen, z. B.:
  $Na \rightarrow Na^+ + e^-$
  Die nächstinnere Schale, die nun die Außengrenze der Elektronenhülle darstellt, ist mit der Edelgaskonfiguration s^2p^6 abgeschlossen.
- Die Halogene erreichen die Edelgaskonfiguration, indem sie ein zusätzliches Elektron anlagern. Es bilden sich Anionen, z. B.:
  $Cl + e^- \rightarrow Cl^-$
- Wegen der elektrostatischen Anziehungskraft zwischen den gegensätzlich geladenen Ionen lagern sich diese zu einem **Molekül** zusammen. Aus den als Beispiel genannten Ionen bildet sich so Kochsalz:
  $Na + Cl \rightarrow Na^+ + Cl^- \rightarrow NaCl$

Die Reaktion zwischen Natrium und Chlor ist hier vereinfacht angegeben, um den Elektronenübergang zu zeigen. In der Natur liegt Chlor nicht atomar vor, sondern im Chlorgas stets in der Verbindung als Cl_2-Molekül. Die vollständige Bilanz würde lauten:

$2\,Na + Cl_2 \rightarrow 2\,NaCl$

Erdalkalimetalle geben entsprechend zwei Elektronen ab und die Elemente der 16. Hauptgruppe können zwei Elektronen aufnehmen.

Die **Ladungsbilanz** ist stets ausgeglichen: Es werden so viele Elektronen abgegeben, wie von den Bindungspartnern aufgenommen werden. Auf diese Weise lässt sich die **Summenformel** chemischer Verbindungen ableiten, wie z. B. bei:

$Mg + Cl_2 \rightarrow Mg^{2+} + 2\,Cl^- \rightarrow MgCl_2$

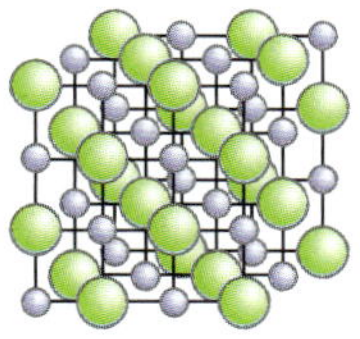

Abb. 1.1 Ionenbindung: Ausschnitt aus dem Kristallgitter von NaCl [L253]

Die Alkali- und Erdalkalimetalle geben ihre Valenzelektronen leicht, aber dennoch nicht freiwillig ab. Es ist Energie notwendig, um die Valenzelektronen abzulösen. Es wird aber ein noch größerer Energiebetrag freigesetzt, wenn Stoffe hoher Elektronegativität die Elektronen aufnehmen, sodass insgesamt ein energetisch günstigerer Zustand erreicht wird.

Weil sich hier gegensätzlich geladene Ionen verbinden, wird die Ionenbindung auch als heteropolare Bindung bezeichnet. Als **wichtige Eigenschaften** der Ionenbindung seien genannt:

- Die **Bindungsenergie** der Ionenbindung liegt in der Größenordnung von 400 kJ/mol.
- Die gegenseitigen elektrostatischen Anziehungskräfte wirken gleichermaßen in alle Richtungen. Die Ionenbindung ist deshalb **ungerichtet.**
- Als Festkörper bilden durch Ionenbindungen aufgebaute Moleküle **Kristalle,** in deren Struktur die Anionen und Kationen abwechselnd angeordnet sind (➤ Abb. 1.1).
- In wässrigem Milieu **dissoziieren** die Bindungspartner und um die nun einzeln vorliegenden Ionen bilden sich Hydrathüllen aus Wassermolekülen.

CHECK-UP

Zwischen welchen Elementen entsteht eine Ionenbindung?

Jetzt bist du dran!

Überblick gewinnen

Notiere dir ca. 5 Stichwörter aus diesem Unterkapitel.

1.2 Atombindung

Als Synonyme für diesen Bindungstyp sind auch die Bezeichnungen Elektronenpaarbindung oder kovalente Bindung gebräuchlich.

1.2.1 Einfach- und Mehrfachbindung

Wenn sich die Bindungspartner nur wenig in ihrer Elektronegativität unterscheiden, ist keines der Atome in der Lage, vom anderen ein Elektron abzuziehen.

Zwei einfach besetzte Orbitale überlagern sich zu einem gemeinsamen, mit zwei Elektronen besetzten **Molekülorbital.** ➤ Abb. 1.2 zeigt die Verbindung zweier *s*-Orbitale zu einem Molekülorbital, wie sie z. B. im Wasserstoffmolekül H_2 vorliegt.

Diese Art des Molekülorbitals wird als σ-Orbital bzw. die resultierende Bindung als **σ-Bindung** bezeichnet. Der Abstand *a* der Bindungspartner ist die Bindungslänge der Elektronenpaarbindung. Sie liegt im Bereich von 0,07–0,3 nm.

Die in dem Molekülorbital befindlichen Elektronen werden von beiden Bindungspartnern „gemeinsam genutzt“, um die Edelgaskonfiguration zu erreichen.

Vor diesem Hintergrund werden nun auch die verschiedenen für diesen Bindungstyp verwendeten Bezeichnungen verständlich:

- **Atombindung:** Die Bindungspartner behalten ihre Elektronen und bleiben somit elektrisch neutrale Atome.
- **Elektronenpaarbindung:** bindende Elektronenpaare besetzen die Molekülorbitale.
- **Kovalente Bindung:** Valenzelektronen werden „kooperativ“, d. h. gemeinsam, genutzt.
- Gelegentlich wird auch der Begriff **homöopolare** Bindung verwendet, denn beide Partner unterscheiden sich nicht bezüglich ihrer elektrischen Ladung.
  Die Bindungsenergie der kovalenten Bindung liegt (ähnlich wie die der Ionenbindung) im Bereich von 400 kJ/mol.

Zwischen zwei Atomen können sich auch **Mehrfachbindungen** ausbilden. In einer Doppelbindung wird zwischen der stärkeren σ-Bindung und einer energieärmeren π-Bindung unterschieden, deren Bindungsenergie nur etwa 300 kJ/mol beträgt.

MERKE

Die Atombindung ist eine **gerichtete** Bindung. Die Molekülorbitale besitzen eine festgelegte räumliche Ausrichtung. Die Richtungen der Bindungen legen die räumliche Konfiguration eines Moleküls fest. Einfachbindungen sind um ihre Bindungsachse frei drehbar, bei Mehrfachbindungen ist diese freie Drehbarkeit aufgehoben.

Die **Bindigkeit** eines Atoms ist die Zahl der kovalenten Bindungen, die es gleichzeitig eingehen kann. Das Atom geht so lange Bindungen ein, bis es die Edelgaskonfiguration seiner Valenzelektronen erreicht hat. Beispielsweise sind Wasserstoff und Chlor einbindig, Sauerstoff und Schwefel sind zweibindig, Stickstoff und Phosphor sind dreibindig und Kohlenstoff ist vierbindig

1.2.2 Polarisierung

Bei einer Verbindung zwischen gleichen Atomen, wie im Wasserstoffmolekül H_2 oder im Sauerstoffmolekül O_2, sind die Aufenthaltswahrscheinlichkeiten der bindenden Elektronen symmetrisch im Raum zwischen den Atomen verteilt. Das ist auch bei der Verbindung verschiedener Elemente mit nahezu gleicher Elektronegativität der Fall.

Gehen Stoffe unterschiedlicher Elektronegativität eine Atombindung ein, hält sich das bindende Elektronenpaar näher bei dem Atom mit der größeren Elektronegativität auf. Es entsteht eine **polarisierte Atombindung** (➤ Abb. 1.3). Die polarisierte Atombindung steht daher bezüglich der Ladungsverteilung zwischen der rein symmetrischen Atombindung und der Ionenbindung.

1.2.3 Hybridisierung

Wenn ein mehrbindiges Atom mehrere gleichartige Bindungen eingeht, kann eine **Hybridisierung** genannte Verschiebung der Energieniveaus seiner Valenzelektronen auftreten (➤ Abb. 1.4). Besonders bei dem vierbindigen Kohlenstoff wird die Hybridisierung beobachtet. Im Grundzustand ist das *s*-Orbital der zweiten Schale doppelt besetzt und es befinden sich zwei ungepaarte Elektronen auf den *p*-Orbitalen *(s^2p^2)*. In einem angeregten Zwischen-

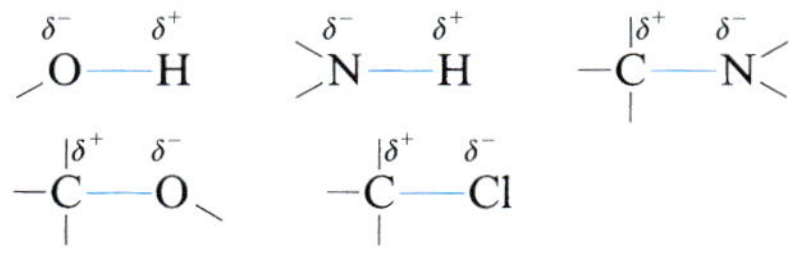

Abb. 1.3 Polarisierte Atombindungen in organischen Molekülen. δ^+ und δ^- kennzeichnen die durch die Ladungsverschiebung hervorgerufenen Partialladungen. [L253]

zustand sind zunächst das *s*- und die *p*-Orbitale einfach besetzt.

- Bei der sp3-**Hybridisierung** wird die Energie des *s*-Orbitals angehoben und die Energien der *p*-Orbitale werden entsprechend abgesenkt, sodass energetisch 4 gleichwertige einfach besetzte Orbitale entstehen. Im Methanmolekül CH_4 liegt das Kohlenstoffatom als sp^3-Hybrid vor.

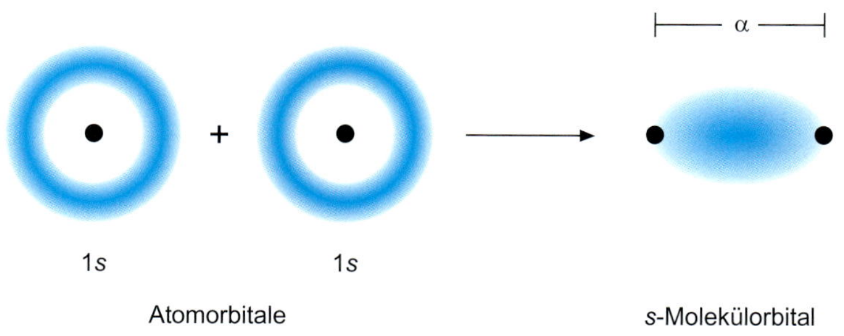

Abb. 1.2 Bildung eines gemeinsamen Molekülorbitals aus zwei Atomorbitalen [L253]

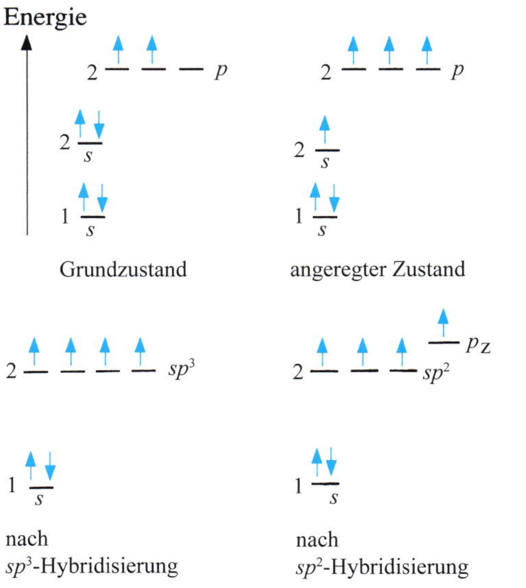

Abb. 1.4 Verschiedung der Energieniveaus bei sp^3- und sp^2-Hybridisierung [L253]

- In einer **C=C-Doppelbindung** zwischen zwei Kohlenstoffatomen sind die Atome sp**²-hybridisiert.** Hier gleichen sich die Energien des *s*- und zweier *p*-Orbitale an, während das dritte *p*-Orbital auf einer höheren Energiestufe verbleibt. Aus den so entstandenen p_z-Orbitalen bildet sich die – verglichen mit der ersten σ-Bindung schwächere – zweite π-Bindung.
- Bei einer **Dreifachbindung** sind die Atome sp-**hybridisiert.** Die Bindung besteht aus einer σ- und zwei π-Bindungen.

MERKE
Insgesamt ist die Anzahl der Hybridorbitale immer gleich der Zahl der Bindungspartner des C-Atoms. Eines der Hybridorbitale stammt immer formal von einem *s*-Orbital ab.

1.2.4 Summen- und Strukturformel

Eine chemische Verbindung wird durch ihre **Summenformel** angegeben. Für viele Verbindungen existieren Eigennamen, z. B. „Wasser" für H_2O. Wenn eine Atomsorte in der Verbindung mehrfach vorkommt, wird die Anzahl der Atome durch einen nachgestellten Index angegeben.

Die **relative Molekülmasse** einer Verbindung ergibt sich aus Addition der relativen Massen der beteiligten Atome. Die dimensionslose Zahl der relativen Molekülmasse entspricht der Masse eines Mols der Verbindung in Gramm. In der Biochemie wird synonym zur Angabe g/mol die Einheit **Dalton (D)** verwendet: 1 D = 1 g/mol.

Beispiele für einige Verbindungen zeigt ➤ Abb. 1.5. Neben der Summenformel ist meist auch die **Struktur** des Moleküls von Interesse. Eine vereinfachte zweidimensionale Darstellung des in Wirklichkeit dreidimensionalen Moleküls verdeutlicht in den meisten Fällen ausreichend die gegenseitige Lage der an der Verbindung beteiligten Atome. Wie für die ersten vier Verbindungen

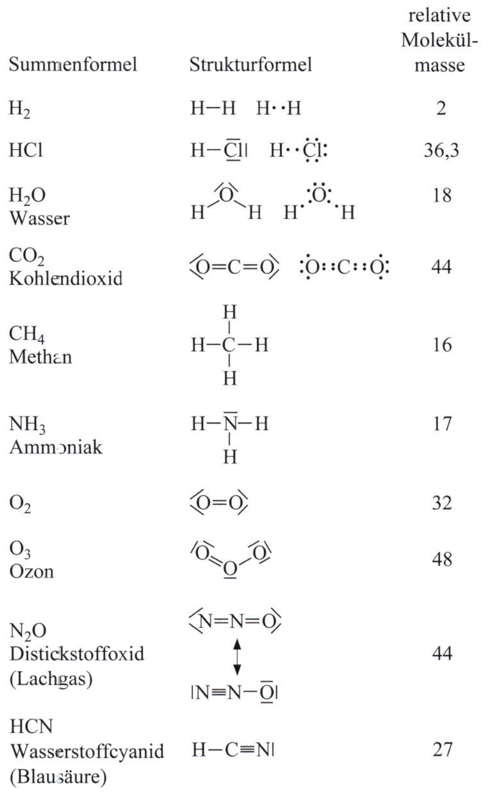

Abb. 1.5 Beispiele für Summen- und Strukturformeln sowie relativer Molekülmassen für einige wichtige chemische Verbindungen [L253]

abgebildet, lassen sich die Valenzelektronen durch Punkte darstellen. Diese Schreibweise wird jedoch schnell unübersichtlich. Es ist deshalb üblich, jeweils ein Elektronenpaar durch einen Strich darzustellen. In den Beispielen sind alle Elektronen, sowohl die bindenden als auch die freien, d. h. nicht an chemischen Bindungen beteiligten, Elektronenpaare gezeigt. Die Schreibweise kann auch weiter abgekürzt werden, indem nur die an den kovalenten Bindungen beteiligten Elektronenpaare gezeichnet werden.

KLINIK
Distickstoffoxid N_2O ist auch unter dem Trivialnamen Lachgas bekannt. Es ist ein geruchloses, nicht brennbares und nahezu untoxisches Gas. Es zeigt eine starke analgetische Wirkung bei gleichzeitig schwacher narkotischer und fehlender muskelrelaxierender Wirkung. Lachgas findet als Inhalationsanästhetikum Anwendung.
Cyanidverbindungen (–CN) sind extrem toxisch. Cyanwasserstoff, HCN, ist auch als Blausäure bekannt. Zyankali, KCN, ist das Kaliumsalz der Blausäure Die Säure ist mit Wasser mischbar und hat in schwacher Konzentration einen leicht mandelartigen Geruch. Die Giftigkeit des Cyanidanions CN^- beruht darauf, dass es genau wie Kohlenmonoxid die Sauerstoffaufnahme am Hämoglobinmolekül blockiert. Darüber hinaus stört es einige enzymatische Reaktionen im Stoffwechsel.

CHECK-UP
- Erkläre den Begriff Hybridisierung.
- Wann sind Kohlenstoffatome sp^2-hybridisiert?

Jetzt bist du dran!

Überblick gewinnen

Notiere dir ca. 5 Stichwörter aus diesem Unterkapitel.

1.3 Metallbindung

In **Metallen** ordnen sich die Atome in einem **Kristallgitter** an. Die Valenzelektronen sind delokalisiert, d. h., sie sind nicht mehr an ein bestimmtes Atom gebunden, sondern innerhalb des Kristallverbands frei beweglich. Die Beweglichkeit der Elektronen gleicht der der Moleküle eines Gases. Deshalb wird in diesem Zusammenhang auch von einem **Elektronengas** gesprochen. Die freie Beweglichkeit der Elektronen sorgt für die gute elektrische Leitfähigkeit der Metalle.

In reinen Kristallen der Halbmetalle Germanium und Silizium sind die Valenzelektronen bei Raumtemperatur noch gebunden. Erst bei Energiezufuhr werden sie in den energetisch höher liegenden Bereich des sog. Leitungsbands gehoben. Die Halbmetalle stellen deshalb die **Halbleiter** dar, die elektrischen Strom nur schlecht leiten und deren Leitfähigkeit bei steigender Temperatur zunimmt.

CHECK-UP
Wie unterscheiden sich Metalle und Halbleiter?

Jetzt bist du dran!

Überblick gewinnen

Notiere dir ca. 5 Stichwörter aus diesem Unterkapitel.

1.4 Polare Moleküle und Wasserstoffbrückenbindung

Wenn die Schwerpunkte der positiven und negativen Ladungen in einem Molekül nicht zusammenfallen, trägt das Molekül ein **permanentes Dipolmoment** (➤ Abb. 1.6).

Polare Moleküle können durch polarisierte Atombindungen (➤ Abb. 1.3) oder durch Ionenbindungen entstehen. Ursache sind aber auch freie Elektronenpaare, die sich auf einer Seite des Atoms aufhalten und so zur Asymmetrie der Ladungsverteilung führen.

Einen elektrischen Dipol bildet das gewinkelt gebaute **Wassermolekül** (➤ Abb. 1.7 li.). Die O–H-Atombindungen sind polar und zusätzlich trägt das Sauerstoffatom auf der von den Wasserstoffatomen abgewandten Seite noch zwei Elektronenpaare. Zwischen den Wassermolekülen wirken starke Kohäsionskräfte, bedingt durch die Anziehung zwischen der negativen Partialladung am Sauerstoffmolekül und den positiven Partialladungen des Wasserstoffs benachbarter Moleküle. Diese Bindung zwischen Molekülen wird **Wasserstoffbrückenbindung** genannt (➤ Abb. 1.7 re.). Die Energie der Wasserstoffbrückenbindung liegt etwa bei 40 kJ/mol. Somit ist sie rund zehnmal schwächer als die intramolekularen Bindungsarten Atombindung oder Ionenbindung.

MERKE
Die starke gegenseitige Anziehung der Wassermoleküle ist für die besonderen physikalischen Eigenschaften des Wassers verantwortlich. Andere Stoffe vergleichbarer Molekülgröße und -masse, wie Methan oder Kohlendioxid, sind bei Raumtemperatur gasförmig. Verglichen mit diesen Stoffen besitzt H_2O einen wesentlich höheren Schmelz- und Siedepunkt.

- **Polar** gebaute Stoffe lösen sich gut in Wasser, sie sind **hydrophil.** Ionenverbindungen z. B. dissoziieren in wässriger Lösung: Die geladenen Pole der Wassermoleküle werden von den jeweils gegensätzlich geladenen Ionen im Kristallgitter angezogen. Auf diese Weise drängen sich die Wassermoleküle zwischen das Kristallgitter und brechen es auf. Sie umlagern die entstehenden Ionen und bilden eine **Hydrathülle** um sie herum, die sich zusammen mit den Ionen durch die Lösung bewegt.
- **Apolare** Substanzen sind dagegen nur schlecht oder überhaupt nicht wasserlöslich. Diese Stoffe werden **hydrophob** oder **lipophil** genannt. Hydrophobe Stoffe vermeiden den Kontakt mit

Abb. 1.6 Beispiele für polare Moleküle. Der Pfeil zeigt in Richtung des Dipolmoments von der positiven zur negativen Partialladung. [L253]

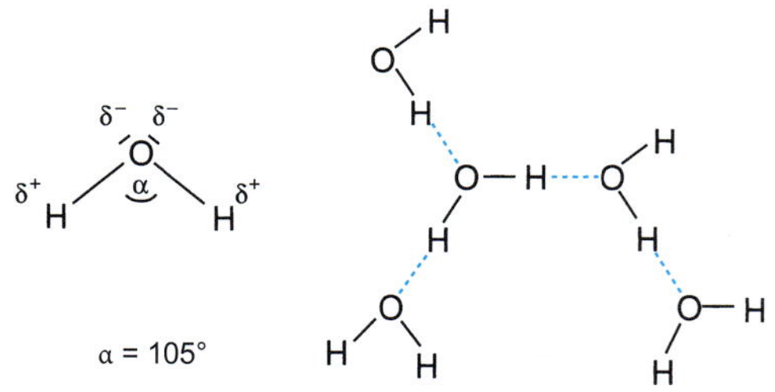

Abb. 1.7 Bau des Wassermoleküls (links) und Wasserstoffbrückenbindung zwischen einzelnen Wassermolekülen (rechts). [L253]

Wasser. Aus diesem Grund entsteht eine hydrophobe Wechselwirkung, wegen der sich in einem Öl-Wasser-Gemisch die Ölmoleküle zu kleinen Tröpfchen assoziieren.

MERKE

Gleiches löst sich in Gleichem. Salze und polare Stoffe lösen sich im polaren Wasser, Fettaugen hingegen schwimmen auf der Suppe.

Auch zwischen den polaren Teilbereichen größerer Moleküle bilden sich Wasserstoffbrückenbindungen aus. Die H-Brücken führen zu der für Makromoleküle spezifischen Sekundärstruktur.

MERKE

Wasserstoffbrückenbindungen sind die Grundlage vieler Reaktionsmechanismen in der belebten Natur. Die beiden Stränge der DNA sind durch Wasserstoffbrückenbildung miteinander verbunden. H-Brücken sind auch Ursache für die Faltung von Proteinen. So kann sich die räumliche Struktur eines Enzyms stabilisieren, auf der seine katalytische Wirkung beruht.

In unpolaren Molekülen können durch Fluktuationen der Ladungsverteilung temporäre Dipole entstehen, die sich gegenseitig anziehen. Die Bindungsenergie dieser sog. **Van-der-Waals-Kräfte** ist mit ca. 10 kJ/mol nochmals deutlich geringer als die einer Wasserstoffbrückenbindung. Van-der-Waals-Kräfte halten z. B. die einzelnen Schichten von Graphit, der nur aus Kohlenstoffatomen besteht, zusammen.

CHECK-UP

Welche biologische Bedeutung hat die Wasserstoffbrückenbindung?

Jetzt bist du dran!

Überblick gewinnen

Notiere dir ca. 5 Stichwörter aus diesem Unterkapitel.

1.5 Koordinative Bindung, Metallkomplexe

1.5.1 Koordinative Bindung

Zwischen einer positiven Partialladung an einer Stelle eines Moleküls und einem freien Elektronenpaar an einem anderen Molekül oder Atom wirken elektrostatische Anziehungskräfte. Diese führen zu einer **koordinativen Bindung.** Die koordinative Bindung stellt einen Sonderfall der Atombindung dar, bei dem die bindenden Elektronen ausschließlich von einem der Bindungspartner stammen.

Der Bindungspartner mit dem freien Elektronenpaar fungiert als **Elektronendonator,** der andere als **Elektronenakzeptor.** Elektronenakzeptoren sind z. B. Moleküle oder Ionen, denen noch Elektronen zum Erreichen ihrer Edelgaskonfiguration fehlen, oder allgemein Kationen, die sich an einem freien Elektronenpaar anlagern. Dies ist der Fall bei der Bindung der Wasserstoffionen im Hydroniumion H_3O^+ oder im Ammoniumion NH_4^+ (➤ Abb. 1.8).

1.5.2 Metallkomplexe

In einem Metallkomplex ist ein **zentrales Ion** von mehreren koordinativ gebundenen **Liganden** umgeben, von denen die bindenden Elektronen stammen. Die Liganden können jeweils eine (➤ Abb. 1.9) oder auch mehrere Bindungsstellen zum Zentralion (➤ Abb. 1.10) aufweisen.

Als Zentralionen in Metallkomplexen treten besonders die Kationen der Nebengruppenelemente in Erscheinung. Sie versuchen auf diese Weise, Elektronenlücken in den *d*- und *f*-Orbitalen ihrer inneren Schalen zu füllen.

Es entsteht ein definierter **Komplex,** dessen Eigenschaften sich von denen der Ausgangsverbindungen unterscheiden.

In der Schreibweise wird der Metallkomplex in eckigen Klammern angegeben. Dem Zentralion nachgestellt sind Art und Anzahl der Liganden. Außerhalb der eckigen Klammer wird die Gesamtladung des Komplexes angegeben. So wird z. B. der Tetraminkupferkomplex geschrieben als: $[Cu(NH_3)_4]^{2+}$.

Die Zahl der Bindungsplätze für Liganden am Zentralion ist die **Koordinationszahl** des Komplexes. Im genannten Beispiel ist sie 4.

MERKE

Die Koordinationszahl hängt von der Art der Liganden und der Elektronenkonfiguration des zentralen Ions ab. Sie steht aber in keinem Zusammenhang zur Ladung des Zentralions. Es sind Koordinationszahlen von 2 bis 12 bekannt. Am häufigsten sind die Koordinationszahlen 2, 4 und 6.

Die **Gesamtladung** eines Metallkomplexes ergibt sich aus der Summe der Ladungen seiner Bestandteile (➤ Abb. 1.9).

- Bei ungeladenen Liganden ist sie gleich der Ladung des Zentralions.
- Sind die Liganden negativ geladen, können ihre Ladungen die des Zentralions teilweise oder ganz kompensieren oder auch übertreffen.

Es können somit neutrale Komplexe, Kationen oder Anionen entstehen. Anionische Komplexe bilden mit normalen Kationen Salze.

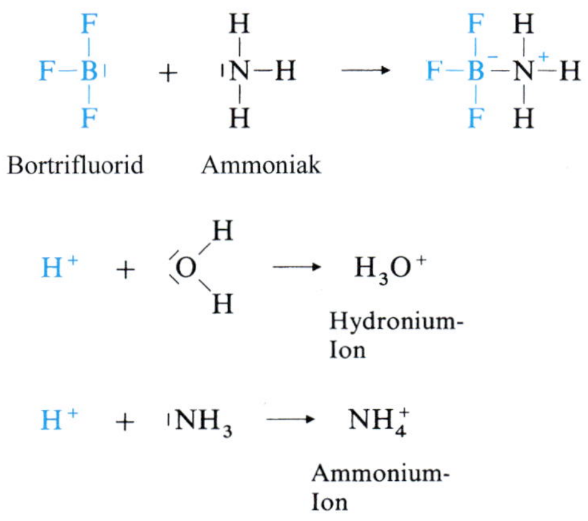

Abb. 1.8 Beispiele für koordinative Bindungen [L253]

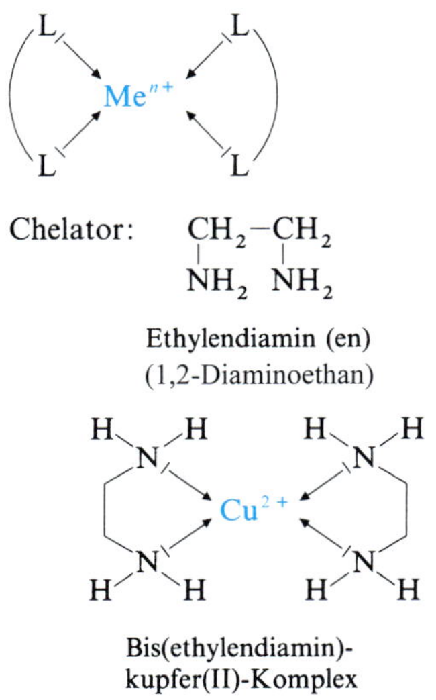

Abb. 1.10 Chelatkomplex mit zwei zweizähnigen Liganden: schematische Darstellung und Beispiel [L253]

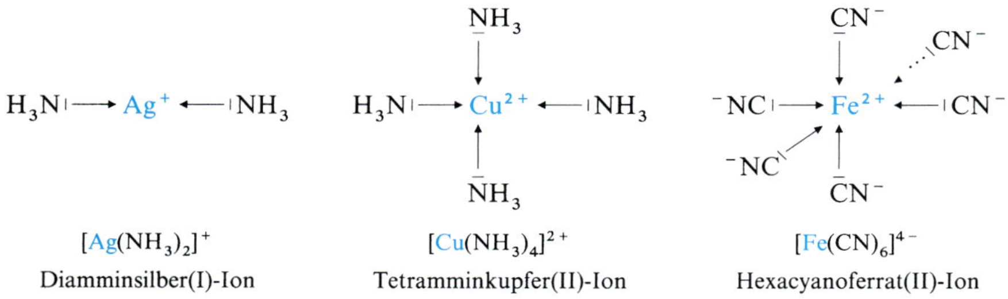

Abb. 1.9 Beispiele für Metallkomplexe mit einfach gebundenen Liganden [L253]

1.5.3 Chelatkomplexe

Wie oben erwähnt, kann ein Ligand auch mehrere Bindungsstellen zum zentralen Ion eines Komplexes besitzen. Ein solcher „mehrzähniger" Ligand wird **Chelator** genannt (von griech. chele = Krebsschere). Die entstandenen Komplexe heißen **Chelatkomplexe.** Chelatkomplexe sind wesentlich stabiler als Komplexe mit einzähnigen Liganden. Das Zentralion bildet mit dem Chelator einen Ring (➤ Abb. 1.10). Chelatkomplexe entstehen bevorzugt, wenn dieser Ring 5- oder 6-gliedrig ist. Ein solcher Ring ist nicht gespannt und daher besonders stabil.

Biochemisch sind die Kationen einiger Übergangsmetalle als Zentralionen in Chelatkomplexen von Bedeutung. ➤ Tab. 1.1 gibt die Koordinationszahlen wichtiger, biochemisch bedeutender Metallionen sowie Beispiele für ihr Vorkommen in Chelatkomplexen an.

Tab. 1.1 Wichtige Metallionen in Chelatkomplexen: Koordinationszahlen und Beispiele

Metallion	Koordinationszahl	Beispiel
Mg^{2+}	6	Chlorophyll (Photosynthese)
Ca^{2+}	6	Komplex mit EDTA (Blutgerinnung)
Fe^{2+}, Fe^{3+}	6	Hämoglobin (Sauerstofftransport)
Co^{2+}, Co^{3+}	6	Cobalamin (Vitamin B_{12})
Cu^{2+}	4	D-Penicillamin-Komplex (Entgiftung)
Zn^{2+}	4	Alkoholdehydrogenase; Strukturstabilisierung von Insulin; Carboanhydrase (Atmung)

Tab. 1.2 Übersicht über die Arten der chemischen Bindung und intermolekularen Anziehungskräfte

Bindungstyp	Bindungspartner	Eigenschaften
Ionenbindung	• Elemente stark unterschiedlicher Elektronegativität • Stehen im Periodensystem weit voneinander entfernt	• Elektronen werden übertragen • Bindung ist ungerichtet • Bindungsenergie ≈ 400 kJ/mol
Atombindung (kovalente Bindung, Elektronenpaarbindung)	• Elemente ähnlicher Elektronegativität • Stehen im Periodensystem nahe beieinander	• Elektronen werden gemeinsam genutzt • Bindung hat eine festgelegte Richtung • Bindungsenergie ≈ 400 kJ/mol
Koordinative Bindung (Metallkomplexe)	Sonderfall der Atombindung: Ein Partner besitzt ein freies Elektronenpaar, der andere eine positive Partialladung	• Bindendes Elektronenpaar stammt nur von einem der Bindungspartner • Oft lagern sich mehrere Liganden an einem Zentralion an • Mehrzähnige Liganden bilden Chelatkomplexe
Metallbindung	Atome eines Metalls	• Atome bilden ein Kristallgitter • Elektronen werden gemeinsam genutzt • Valenzelektronen sind im gesamten Gitter „wie ein Gas" frei beweglich
Wasserstoffbrückenbindung	• Intermolekulare Bindung • Zwischen polaren Molekülen	• Polare Moleküle lagern sich aneinander an • Bindungsenergie ≈ 40 kJ/mol, etwa zehnmal schwächer als eine intramolekulare Bindung • Kommt auch zwischen polaren Teilen eines großen Moleküls vor • Verantwortlich für die Sekundär- und Tertiärstruktur von Makromolekülen
Van-der-Waals-Kräfte	Intermolekulare Anziehung aufgrund temporärer Ladungsverschiebungen	Wie Wasserstoffbrückenbindung, nur mit einer Bindungsenergie von ≈ 10 kJ/mol nochmals deutlich schwächer

KLINIK

- Das **Hämoglobinmolekül** besteht aus vier Proteinketten mit je einem Molekül Häm. Dieses ist ein vierzähniger Ligand, der mit einem Fe^{2+}-Ion einen Chelatkomplex bildet. Die fünfte Koordinationsstelle des Fe^{2+}-Ions wird von einem Protein belegt, an die sechste bindet sich reversibel das O_2-Molekül. Insgesamt kann ein Hämoglobinmolekül somit vier Sauerstoffmoleküle binden.
- Ein in der Labormedizin häufig verwendeter Chelator ist Ethylendiamintetraessigsäure **(EDTA):**

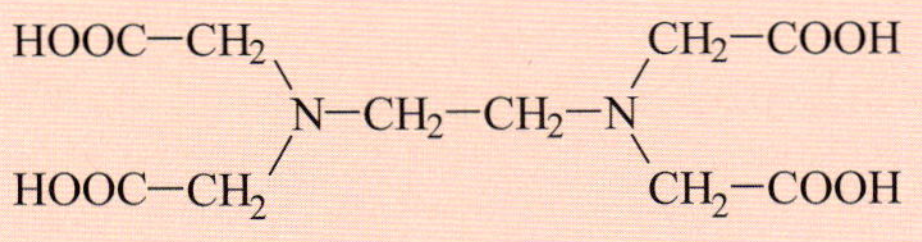

EDTA ist ein sechszähniger Ligand, es bildet mit einem zentralen Metallion einen Chelatkomplex mit oktaedrischer Form:

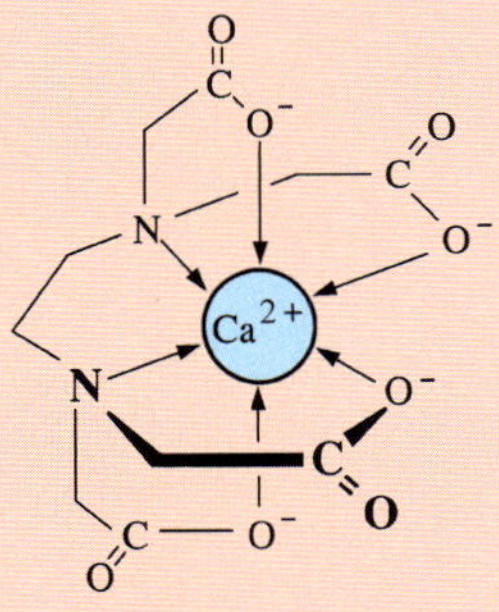

Calcium ist ein wichtiger Faktor für die Blutgerinnung. Durch Zugabe von EDTA zu einer Blutprobe werden die Ca^{2+}-Ionen gebunden und so die Gerinnung verhindert.
- Therapeutisch werden Chelatoren bei **Metallvergiftungen** gegeben. Morbus Wilson ist eine Kupferspeicherkrankheit, bei der aufgrund eines genetischen Enzymdefekts die Kupferausscheidung gestört ist. Hier ist eine lebenslange Gabe kupferbindender Chelatoren indiziert.

In ➤ Tab. 1.2 sind die besprochenen Bindungstypen, die daran beteiligten Bindungspartner und ihre Eigenschaften noch einmal zusammengestellt.

CHECK-UP

- Ordne die Typen der chemischen Bindung nach ihrer Bindungsenergie.
- Welche Bindung liegt bei einem Metallkomplex vor?

Jetzt bist du dran!

Überblick gewinnen

Notiere dir ca. 5 Stichwörter aus diesem Unterkapitel.

Jetzt bist du dran!

Zeichenaufgabe

Zeichne die verschiedenen Doppel- bzw. Dreifachbindungen, die z. B. Kohlenstoff eingehen kann, als Strukturformel und in ihrer Orbitalform.
Zeichne zusätzlich die Energieniveaus der Orbitale. Wie sind die Elektronen verteilt?

Anregungen zur weiteren Wiederholung

Erstelle eine Mindmap zu jeder Bindung und verknüpfe je 5 knappe Eckpunkte mit ihr, wie z. B. Polarität, Bindungslänge, ggf. Bindungswinkel, *Sp*-Hydridisierung. Ergänze, was du noch für wichtig erachtest.
Zeichne das Häm-b-Molekül aus Hämoglobin, du wirst es im Examen ggf. erkennen müssen. Überlege dir anhand deiner Zeichnung, wie Sauerstoff gebunden wird.

Überblick gewinnen

Nutze deine gesammelten Stichwörter für eine Mindmap oder eine gegliederte Stichwortliste.

KAPITEL

2 Stereochemie

Thomas Wenisch

Chemie

Ein Molekül ist ein dreidimensionales Gebilde, dessen räumliche Struktur entscheidend für seine Interaktionsmöglichkeiten mit Bindungspartnern und damit für sein chemisches Verhalten ist. Die Stereochemie beschäftigt sich mit dem räumlichen Aufbau der Moleküle.

2.1 Isomerie

- Die **Konstitution** eines Moleküls ist sein inneres Bindungsmuster, d. h. die Anordnung, mit welchen Nachbarn die Atome des Moleküls verbunden sind. Bei gleicher Summenformel, d. h. gleicher Anzahl der Atome jedes vorkommenden Elements, können daraus verschiedenartige Moleküle aufgebaut werden. Diese Moleküle sind **Konstitutionsisomere.** Die Konstitutionsisomere eines Stoffs können völlig unterschiedlichen Stoffklassen angehören. Ein Beispiel hierfür sind Ethanol und Dimethylether.
- Isomere mit gleichem innerem Bindungsmuster, bei denen sich aber wegen anderer Unterschiede trotzdem der räumliche Bau des Moleküls unterscheidet, werden allgemein als **Stereoisomere** bezeichnet. Es wird zwischen Konformations- und Konfigurationsisomerie unterschieden.

CHECK-UP
Welche Arten der Isomerie werden unterschieden?

Jetzt bist du dran!

Überblick gewinnen

Notiere dir ca. 5 Stichwörter aus diesem Unterkapitel.

2.2 Konformation

MERKE
Eine Einfachbindung ist um ihre Bindungsachse frei drehbar. Die Varianten, die durch Drehung um die Bindungsachse entstehen, werden **Konformere** eines Moleküls genannt.

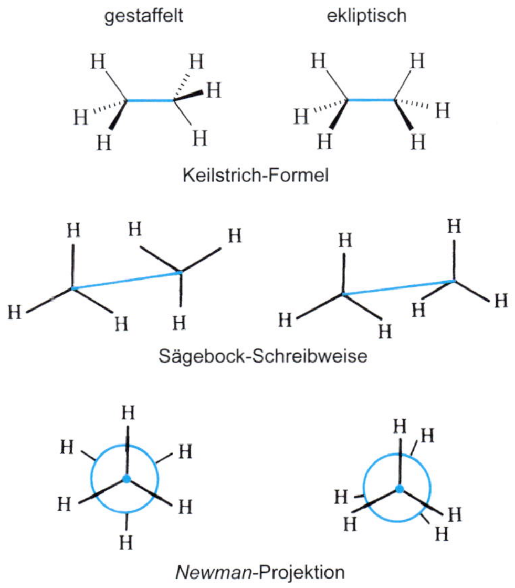

Abb. 2.1 Die Konformere des Ethans in verschiedenen Darstellungen [L253]

➤ Abb. 2.1 zeigt die Konformere des Ethans. Durch die Drehung um die C–C-Bindungsachse ändert sich die gegenseitige Lage der Wasserstoffatome. Die perspektivische Darstellung gelingt in der Sägebock-Schreibweise oder der Newman-Projektion übersichtlicher als in der Keilstrich-Schreibweise. In der Newman-Projektion geht die Blickrichtung des Betrachters in Richtung der C–C-Bindung. Hier wird die relative Lage der am vorderen C-Atom gebundenen Atome oder Gruppen zu denen am hinteren C-Atom besonders deutlich. Die Bindungen zum vorderen C-Atom sind als durchgehende Striche bis zum Mittelpunkt gezeichnet, die zum hinteren Atom nur als Striche bis zum Kreis.

In der **gestaffelten** Konformation sind gegenüberliegende H-Atome weiter voneinander entfernt als in der **ekliptischen** Anordnung. Der Energiegehalt der gestaffelten Konformation ist geringer als der der ekliptischen, die gestaffelte Konformation ist daher stabiler.

MERKE
Die Konformere eines Moleküls lassen sich nicht voneinander trennen. Sie wandeln sich ständig von einer in die andere Anordnung um. Alle Konformere eines Moleküls stehen miteinander in einem Gleichgewicht.

Wenn die C-Atome zusätzliche Gruppen als Substituenten tragen, sind zwei Varianten der gestaffelten Konformation denkbar. So können beim *n*-Butan bei einer Rotation um die mittlere Bindung die Methylgruppen **Anti-** oder **Gauche-Staffelung** einnehmen:

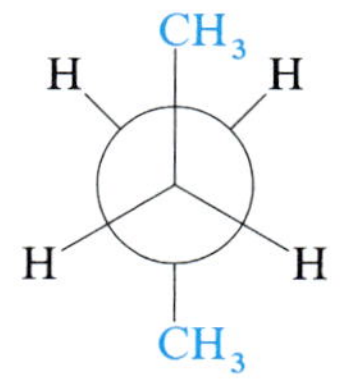

gestaffelt, *anti*
(geringster Energiegehalt)

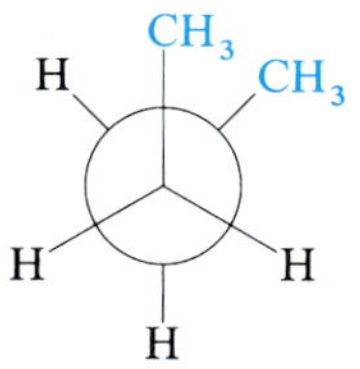

gestaffelt, *gauche*

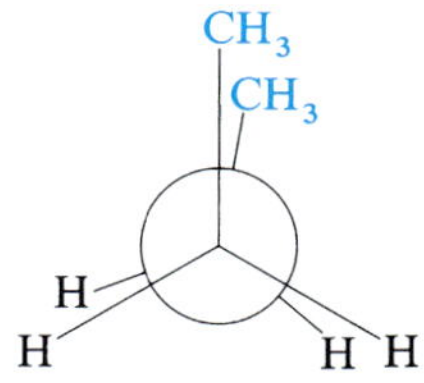

ekliptisch
(höchster Energiegehalt)

MERKE

In der Anti-Staffelung, der stabilsten Form, sind die zusätzlichen Gruppen am weitesten voneinander entfernt. Ihr Energiegehalt ist am geringsten; diese Anordnung stellt sich daher bevorzugt ein. Deshalb bilden Kohlenwasserstoffe eine lang gestreckte Zickzackkette und knäueln sich nicht auf.

Vom Cyclohexan existieren als Konformere die **Sessel**- und die **Wannenform.** In beiden Anordnungen ist der 109,5°-Tetraederwinkel der Bindungen am Kohlenstoff erreicht:

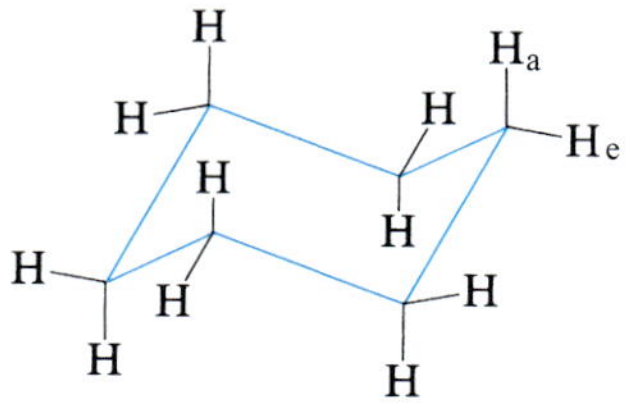

Sesselform

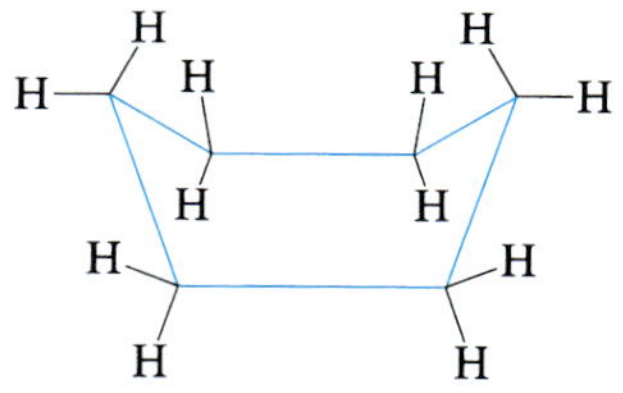

Wannenform

MERKE

Sessel- und Wannenform können sich ineinander umwandeln. Die Sesselform ist die energieärmere (d.h. energetisch günstigere) Form und wird daher bevorzugt eingenommen.

Die Wasserstoffatome stehen entweder nach außen weisend in **äquatorialer** Position (e) oder sie zeigen in **axialer** Stellung (a) in Richtung der Ringachse.

Vom Cyclohexan existieren zwei Sesselformen: linkes C-Atom unten, rechtes oben (wie dargestellt) oder linkes oben und rechtes unten. Beim „Umklappen" von einer Sesselform in die andere wechselt die Stellung aller zuvor axialen Atome in äquatorial und umgekehrt, die aller zuvor äquatorialen Atome in axial.

CHECK-UP

Welches Konformer des Cyclohexan wird bevorzugt eingenommen und warum?

Jetzt bist du dran!

Überblick gewinnen

Notiere dir ca. 5 Stichwörter aus diesem Unterkapitel.

2.3 Konfiguration

Während die in ➤ Kap. 2.2 beschriebenen Konformere eine Gruppe der Stereoisomere darstellen, die sich ineinander umwandeln können, ist dies bei **Konfigurationsisomeren** nicht möglich. Eine Doppelbindung zwischen zwei C-Atomen ist nicht mehr frei drehbar. Für eine Rotation müsste die π-Bindung gelöst und dann wieder neu geknüpft werden.

Es sind verschiedene gegenseitige Lagebeziehungen der Substituenten an den doppelt verbundenen C-Atomen möglich. Auf diese Weise entstehen, wie am Beispiel des 2-Butens gezeigt ist, die Konfigurationsisomere:

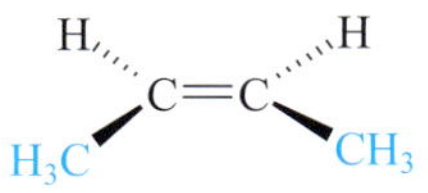

(Z)-2-Buten
(*cis*-2-Buten)
Sdp. 3,7 °C

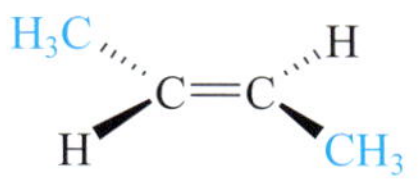

(E)-2-Buten
(*trans*-2-Buten)
Sdp. 0,9 °C

In der ***cis*-Stellung** befinden sich die beiden Methylgruppen an der gleichen Seite der Doppelbindung. In der Trans-Konfiguration stehen sie auf entgegengesetzten Seiten. Im Deutschen werden die *cis*-Form auch mit *Z* (für zusammen) und die ***trans*-Form** mit *E* (für entgegengesetzt) bezeichnet.

Zwischen den Methylgruppen wirken Abstoßungskräfte. Das *trans*-Isomer, bei dem die Gruppen weiter voneinander entfernt sind, ist deshalb die energieärmere der beiden Varianten.

Die Konfigurationsisomere eines Stoffs können sich in ihren physikalischen Eigenschaften unterscheiden, wie an den verschiedenen Siedepunkten des *cis*-2-Butens (3,7 °C) und des *trans*-2-Butens (0,9 °C) deutlich wird.

MERKE

Die Konfigurationsisomerie an einer Doppelbindung wird auch **geometrische Isomerie** genannt. Geometrische Isomere wandeln sich nicht spontan ineinander um. Für eine Umwandlung ist Energiezufuhr nötig, um eine der Doppelbindungen zu lösen.

Ein weiteres Beispiel für Konfigurationsisomerie zeigt sich bei den Dicarbonsäuren. Wird Bernsteinsäure (Butandisäure) dehydriert, entsteht eine ungesättigte Dicarbonsäure mit zwei Konfigurationsisomeren:

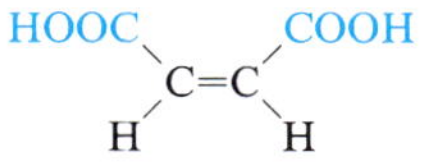

Maleinsäure
(*cis*-Isomer)

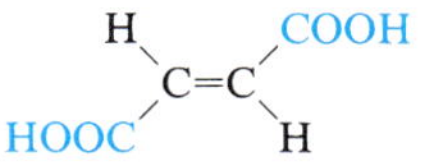

Fumarsäure
(*trans*-Isomer)

Die Isomere erhielten verschiedene Trivialnamen. Das *cis*-Isomer ist die Maleinsäure, das *trans*-Isomer die Fumarsäure.

CHECK-UP

Weshalb wandeln sich *cis*- und *trans*-Isomere nicht spontan ineinander um?

Jetzt bist du dran!

Überblick gewinnen

Notiere dir ca. 5 Stichwörter aus diesem Unterkapitel.

2.4 Chirale Verbindungen

2.4.1 Verbindungen mit einem Chiralitätszentrum

Von einigen Verbindungen lassen sich bei gleicher Konstitution Moleküle aufbauen, die sich gänzlich oder in Teilen zueinander wie Bild und Spiegelbild verhalten und durch Drehung nicht zur Deckung gebracht werden können. Solche Substanzen werden als **chiral** bezeichnet (von griech. cheir = Hand). Ein Beispiel ist die Milchsäure:

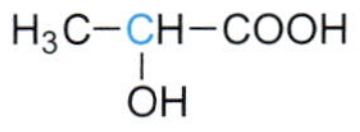

Milchsäure

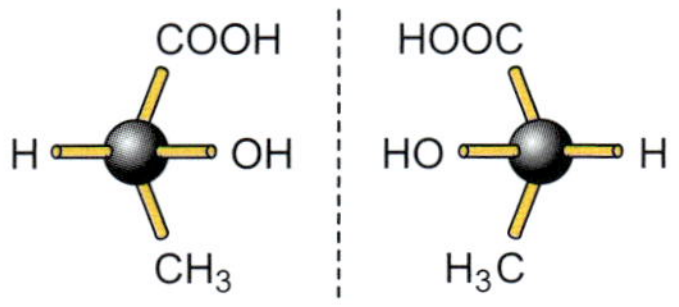

Spiegelebene

Das Molekül besitzt ein **Chiralitätszentrum,.** Es wird gebildet von einem *sp*³-hybridisierten C-Atom, das vier verschiedene Substituenten trägt (**„asymmetrisches C-Atom“**).

Die beiden Moleküle, die sich zueinander wie Bild und Spiegelbild verhalten, werden **Enantiomere** genannt. Die Enantiomere einer Verbindung unterscheiden sich nicht in den üblicherweise gemessenen physikalischen Eigenschaften wie Siedepunkt, Schmelzpunkt, Absorptions- oder Emissionsspektren usw. Chirale Verbindungen sind in der Regel **optisch aktiv,** sie drehen die Schwingungsebene polarisierten Lichts.

Die Enantiomere werden häufig durch die Angabe der Drehrichtung gekennzeichnet, z. B. als (+)-Milchsäure. Eine Drehung nach rechts im Uhrzeigersinn wird mit (+) bezeichnet, die Linksdrehung gegen den Uhrzeigersinn mit (–). Wenn ein Enantiomer das Licht nach links dreht, dreht es sein Spiegelbild nach rechts.

MERKE

- Enantiomere besitzen gleiche Konstitution, aber unterschiedliche Konfiguration. Sie sind aber keine Konformere, da sie nicht durch Drehung um eine Einfachbindung ineinander überführt werden können.
- Die Chiralität ist von besonderer Bedeutung bei enzymgesteuerten Reaktionen. In der Regel sind enzymatische Reaktionen **stereoselektiv,** d. h., die Reaktion findet nur mit einem der beiden Enantiomere statt.

Ein **Racemat** ist ein Gemisch beider Enantiomere. Hier kompensieren sich die rechts- und die linksdrehenden Einflüsse beider Molekülvarianten gegenseitig.

Aus dem Bau eines chiralen Moleküls lässt sich nicht vorhersagen, in welcher Richtung und um welchen Winkel es polarisiertes Licht drehen wird. Die optische Aktivität kann nur gemessen werden.

Verbindungen ohne asymmetrisches C-Atom sind nicht chiral, sie werden **achiral** genannt. In einigen Fällen lassen sich auch bei achiralen Verbindungen eine linke und eine rechte Seite des Moleküls unterscheiden, wie z. B. bei der Brenztraubensäure oder der Propionsäure. Solche Verbindungen werden als **prochiral** bezeichnet:

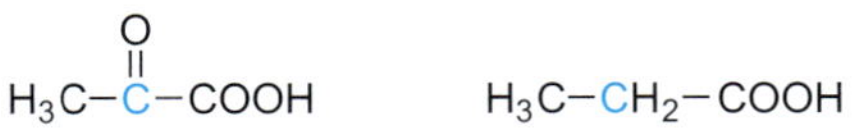

Brenztraubensäure Propionsäure

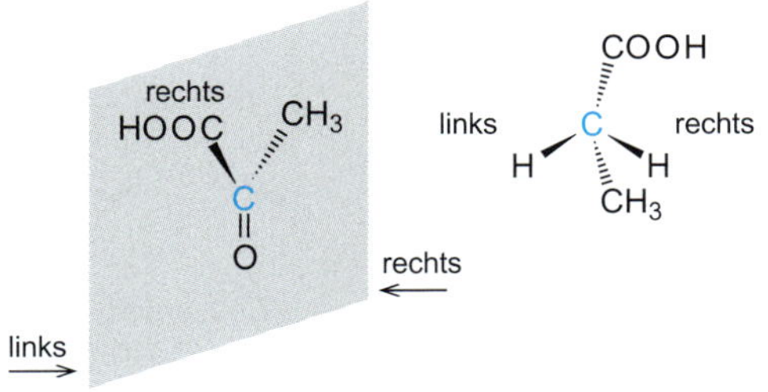

Im Fall der Propionsäure ist die Unterscheidbarkeit der Seiten nicht auf den ersten Blick ersichtlich. Bei Berücksichtigung der dreidimensionalen Anordnung wird aber deutlich, dass sich das linke vom rechten H-Atom in der relativen Stellung zu den anderen Substituenten unterscheidet.

Aus einem prochiralen Molekül kann ein chirales Molekül entstehen, z. B. wenn bei der Propionsäure eines der H-Atome der CH_2-Gruppe durch eine funktionelle Gruppe wie $-NH_2$ oder –OH ersetzt oder wenn die Brenztraubensäure hydriert würde.

KLINIK

Die **Stoffwechselreaktionen** im Körper sind in der Regel stereoselektiv.

- Im günstigeren Fall wird von einem Racemat nur die gewünschte Variante umgesetzt, das andere Enantiomer bleibt wirkungslos. Besonders bei Nahrungsergänzungsmitteln sind die Inhaltsangaben daher oft irreführend. Liegt eine chirale Substanz als Racemat vor, ist tatsächlich nur die Hälfte der angegebenen Stoffmenge bioverfügbar.
- Im ungünstigen Fall hat das andere Enantiomer eine unerwünschte Wirkung. Bekanntes Beispiel ist der ehemals unter dem Handelsnamen Contergan® vertriebene Wirkstoff Thalidomid. Nur das *R*-(+)-Enantiomer besaß die gewünschte Wirkung als Beruhigungs- und Einschlafmittel. Das *S*-(–)-Enantiomer zeigte die berüchtigte teratogene Wirkung.

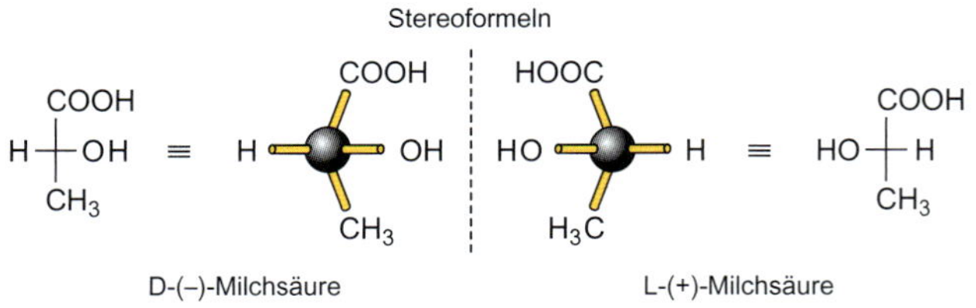

Abb. 2.2 D/L-Klassifizierung der Enantiomere der Milchsäure [L253]

2.4.2 D/L-Nomenklatur

Um chirale Moleküle nach ihrem Aufbau zu klassifizieren, wurde zunächst für Zucker und Aminosäuren die **D/L**-Nomenklatur eingeführt und bis heute in der Biochemie beibehalten.

Die ***D/L*-Klassifizierung** geht von der Fischer-Projektion des Moleküls aus (➤ Abb. 2.2).

- Die längste C-Atom-Kette wird senkrecht angeordnet.
- Das C-Atom mit der höchsten **Oxidationszahl** wird oben angeordnet. Für die Reihenfolge der Oxidationszahlen gilt: –COOH > –CHO > $-CH_2OH$ > $-CH_3$.
- Das Molekül wird so gedreht, dass die dem Chiralitätszentrum benachbarten C-Atome nach hinten weisen.

Weist nun in der Waagerechten die funktionelle Gruppe nach rechts, handelt es sich um die **D-Form,** weist sie nach links, um die **L-Form:**

D-(+)-Glycerinaldehyd L-(–)-Glycerinaldehyd

D-Alanin L-Alanin

MERKE

Die D/L-Konfigurationsbezeichnungen stehen in keinem Zusammenhang mit dem Drehsinn der optischen Aktivität. Beispielsweise ist D-Milchsäure linksdrehend und D-Glycerinaldehyd rechtsdrehend. Ein Wechsel der Drehrichtung kann in manchen Fällen schon allein durch die Wahl eines anderen Lösungsmittels erfolgen.

2.4.3 R/S-Nomenklatur

Für eine eindeutige Klassifizierung komplizierterer chiraler Moleküle ist die D/L-Nomenklatur nicht ausreichend. Deshalb wurde die ***R/S*-Nomenklatur eingeführt.**

- Jedem Substituenten am Chiralitätszentrum wird eine Priorität zugeordnet. Die Priorität eines direkt mit dem Zentrum verbundenen Atoms wächst mit seiner Ordnungszahl: $_1H < _6C < _7N < _8O$. Bei gleicher Priorität zweier Substituenten entscheidet die Priorität der Atome in zweiter Nachbarschaft. Doppelt gebundene Atome zählen zweifach und erhalten damit eine höhere Priorität als ein gleichartiges einfach gebundenes Atom: –CHO > $-CH_2OH$.
- Das Molekül wird so gedreht, dass der Substituent mit der niedrigsten Priorität aus der Blickrichtung nach hinten weist.
- Die anderen Substituenten werden in der Reihenfolge fallender Priorität betrachtet. Daraus ergibt sich eine Kreisbewegung mit einer **Rechtsdrehung (R)** – im Uhrzeigersinn – oder einer **Linksdrehung (S)** – gegen den Uhrzeigersinn:

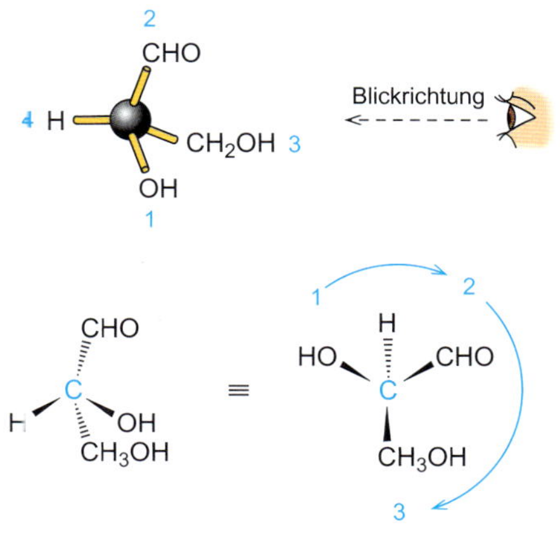

(*R*)-Glycerinaldehyd

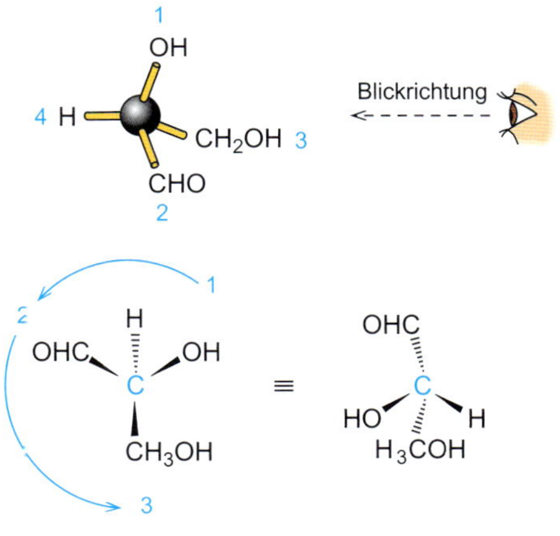

(*S*)-Glycerinaldehyd

Auch aus den R/S-Bezeichnungen lässt sich nicht ableiten, in welche Richtung ein optisch aktives Molekül die Polarisationsebene des Lichts dreht.

MERKE

Die D/L und die R/S-Nomenklatur sind voneinander unabhängig. Es kann nicht davon ausgegangen werden, dass ein L-Molekül immer als R eingeordnet wird oder umgekehrt.

2.4.4 Verbindungen mit mehreren Chiralitätszentren

Weist eine Verbindung mehrere Chiralitätszentren auf, so muss die Konfiguration an jedem Chiralitätszentrum gesondert betrachtet werden. Bei 2 Chiralitätszentren ergeben sich, wie am Beispiel der Aminosäure Threonin gezeigt, $2^2 = 4$ unterschiedliche Molekülkonfigurationen:

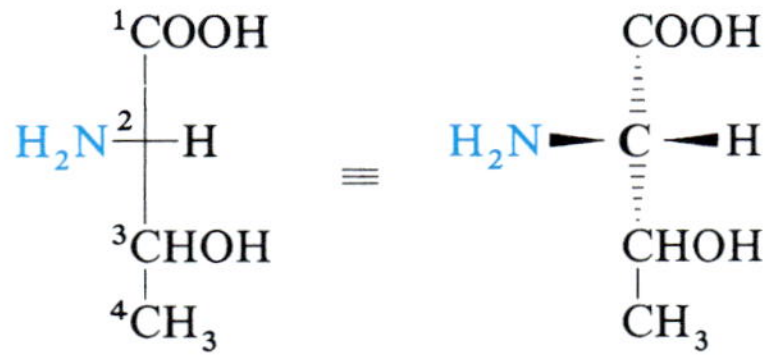

(2S)

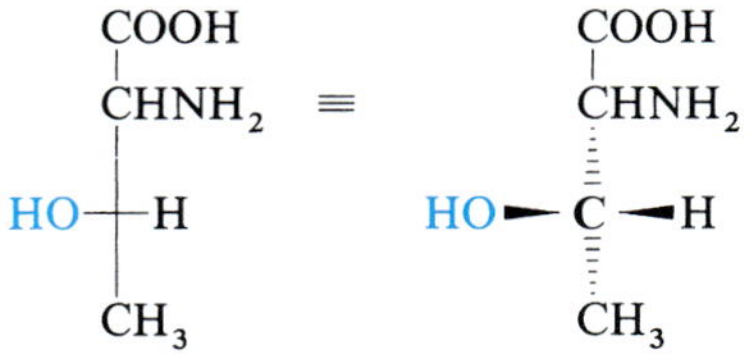

(3S)

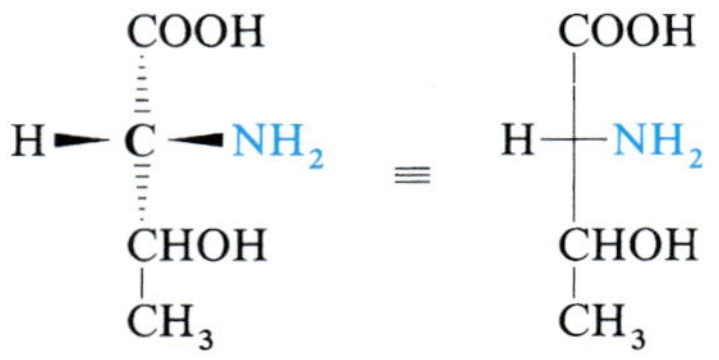

C-2

(2R)

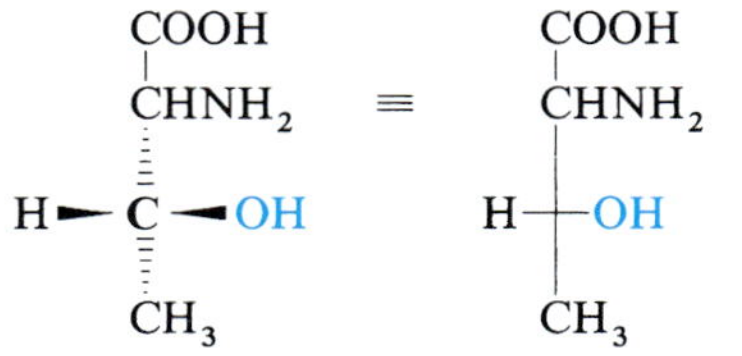

C-3

(3R)

Zusammenfassend ergeben sich in der Fischer-Projektion die folgenden 4 Konfigurationsisomere des Threonins:

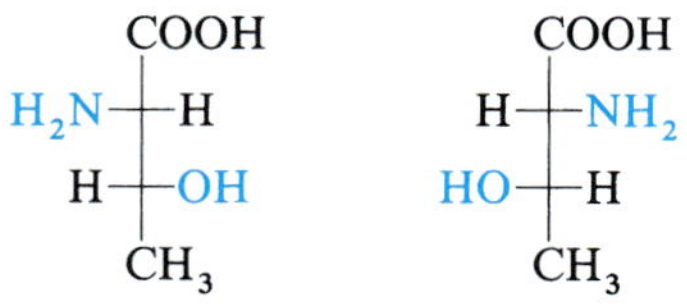

(2S, 3R) *threo* *(2R, 3S)*

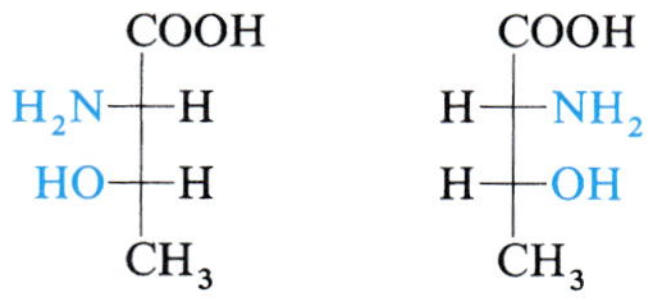

(2S, 3S) *erythro* *(2R, 3R)*

- Die Moleküle mit der Konfiguration (2*S*, 3*R*) und (2*R*, 3*S*) verhalten sich ebenso wie das Paar (2*S*, 3*S*) und (2*R*, 3*R*) zueinander wie Bild und Spiegelbild. Die Paare sind **Enantiomere.**
- Moleküle einer Verbindung, die sich in ihrer Konfiguration der Chiralitätszentren unterscheiden, aber keine Enantiomere sind, d. h. nicht Bild und Spiegelbild, werden **Diastereomere** genannt. Ein Beispiel hierfür ist das Molekülpaar (2*S*, 3*R*) und (2*S*, 3*S*).
  - Diastereomere, die mehrere Chiralitätszentren enthalten, sich aber nur in der Konfiguration an einem Chiralitätszentrum unterscheiden, heißen **Epimere.**
  - Bei Monosacchariden wird darüber hinaus von **Anomeren** gesprochen. Als Anomere werden Zucker in der cyclischen Form bezeichnet, die sich in ihrer Konfiguration am C-Atom der ehemaligen Carbonylgruppe unterscheiden.

MERKE

Im Allgemeinen existieren von einer Verbindung mit *n* Chiralitätszentren 2^n verschiedene Konfigurationsisomere.

Eine häufig in Lehrbüchern gezeigte und in Prüfungen gefragte **Ausnahme von dieser Regel** bildet die Weinsäure. Die Weinsäure besitzt am 2. und am 3. C-Atom ein Chiralitätszentrum. Beide Chiralitätszentren tragen aber die gleichen Substituenten. Das Molekül ist symmetrisch gebaut:

Weinsäure

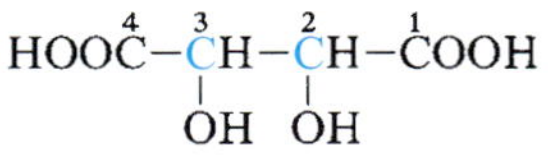

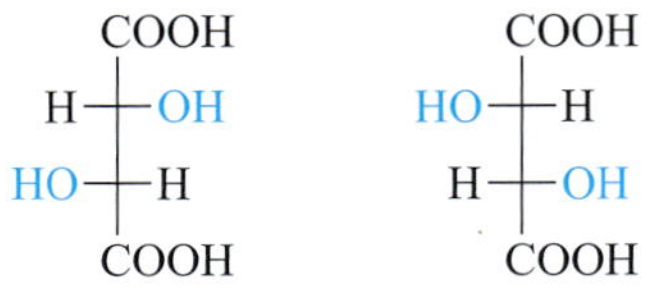

(2*R*, 3*R*) (2*S*, 3*S*)

L-(+)-Weinsäure D-(−)-Weinsäure

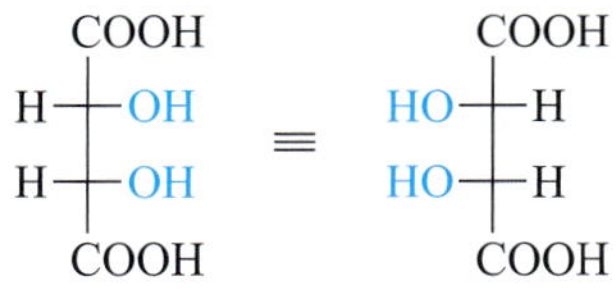

(2*R*, 3*S*) (2*S*, 3*R*)

meso-Weinsäure

Die dritte und die vierte der gezeigten möglichen Varianten sind nicht wirklich verschieden. Sie lassen sich durch eine Drehung ineinander überführen. Es entstehen nur drei Konfigurationsisomere, die (+)-Weinsäure (2*R*, 3*R*), die (–)-Weinsäure (2*S*, 3*S*) und die *meso*-Weinsäure. Die *meso*-Weinsäure ist optisch inaktiv. Die miteinander im Gleichgewicht stehenden Molekülformen (2*R*, 3*S*) und (3*R*, 2*S*) kompensieren sich gegenseitig in ihrer Wirkung auf polarisiertes Licht.

CHECK-UP

Erkläre die folgenden Begriffe und stelle anhand von Beispielen die Unterschiede klar: Konstitution, Konfiguration und Konformation sowie Enantiomere, Diastereomere und Konformere.

Jetzt bist du dran!

Überblick gewinnen

Notiere dir ca. 5 Stichwörter aus diesem Unterkapitel.

Jetzt bist du dran!

Zeichenaufgabe

Glucose ist der wichtigste Zucker im menschlichen Stoffwechsel. Zeichne Glucose in seiner D- und L-Konfiguration in der Fischer-Projektion. Markiere alle chiralen Zentren.

Zeichne auch ein Diastereomer der Glucose. Was bedeutet das? Definiere.

Anregungen zur weiteren Wiederholung

Was du hier siehst, ist die Arachidonsäure. Sie ist eine Fettsäure. Wie sind ihre Doppelbindungen konfiguriert?

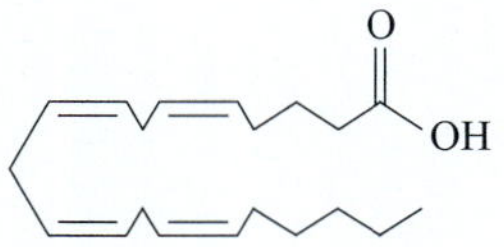

Das nächste, was du hier siehst, ist Prostaglandin G2. Es ist ein direkter Abkömmling von Arachidonsäure. Wie sind die Doppelbindungen konfiguriert? Markiere die Bindungen und beschrifte.

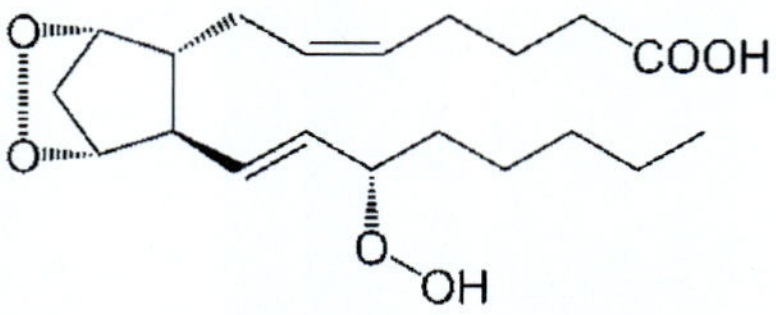

Klinischer Exkurs: Racematen können bei Medikamentenwirkung eine Rolle spielen. Es gibt dafür ein sehr bekanntes Beispiel, das du kennen solltest. Recherchiere (Stichwort: Thalidomid).

Überblick gewinnen

Nutze deine gesammelten Stichwörter für eine Mindmap oder eine gegliederte Stichwortliste.

3

Thomas Wenisch

Funktionelle Gruppen und Stoffklassen

Viele organische Verbindungen weisen ein ähnliches Grundgerüst auf. Ihre speziellen Eigenschaften werden durch bestimmte funktionelle Gruppen definiert.

3.1 Kohlenwasserstoffe

Kohlenwasserstoffe sind Verbindungen, die nur aus Kohlenstoff und Wasserstoff aufgebaut sind. Synthetische Kohlenwasserstoffe werden hauptsächlich aus den fossilen Energieträgern Erdöl und Erdgas gewonnen. Sie sind unverzichtbare Ausgangsstoffe für die Synthese organischer Verbindungen.

- Das Gerüst **aliphatischer** Kohlenwasserstoffe besteht aus einer Kette von C-Atomen.
- Bei **cyclischen** Kohlenwasserstoffen schließt sich die Kette zu einem Ring. Diese Verbindungen werden in ➤ Kap. 3.3 behandelt.

Im Folgenden werden an den Kohlenwasserstoffen die Grundlagen der Struktur, Darstellung und Namengebung organischer Moleküle aufgezeigt, die auch auf andere Stoffgruppen übertragen werden können. Diese Grundlagen sind die Basis zum Verständnis aller folgenden Kapitel.

3.1.1 Alkane

In **Alkanen** kommen nur **Einfachbindungen** zwischen den Kohlenstoffatomen vor. ➤ Tab. 3.1 zeigt die homologe Reihe der Alkane. In einer **homologen** Reihe unterscheiden sich aufeinanderfolgende Glieder durch das Hinzufügen eines gleichbleibenden Strukturelements. Im Fall der Alkane ist dies eine CH_2-Gruppe, um die die Kohlewasserstoffkette verlängert wird. Die allgemeine Summenformel der Alkane mit der Kettenlänge *n* lautet:

$$C_nH_{2n+2}$$

Tab. 3.1 Homologe Reihe der Alkane

Name	Summenformel	Siedepunkt bei Normaldruck (T/°C)
Methan	CH_4	–163
Ethan	C_2H_6	–89
Propan	C_3H_8	–42
n-Butan	C_4H_{10}	0
n-Pentan	C_5H_{12}	36
n-Hexan	C_6H_{14}	69
n-Heptan	C_7H_{16}	98
n-Octan	C_8H_{18}	126

Mit wachsender Länge der Alkane ändern sich ihre physikalischen Eigenschaften, wie an den in der ➤ Tab. 3.1 angegebenen Siedepunkten deutlich wird: Methan, Ethan und Propan sind bei Raumtemperatur gasförmig, Butan ist flüssig. Butan wird als Flüssiggas in Campinggasflaschen verwendet.

Die Bezeichnung n-**Alkan** gibt an, dass das Molekül als unverzweigte Kette vorliegt.

Das einfachste Alkan ist das **Methan.** Das Molekül hat die Form eines Tetraeders mit dem Kohlenstoffatom im Zentrum und den Wasserstoffatomen an den Ecken (➤ Abb. 3.1). Der H–C–H-Bindungswinkel beträgt 109,5°. Das C-Atom ist sp^3-**hybridisiert,** d. h., seine Valenzelektronen befinden sich alle auf dem gleichen Energieniveau. Es geht vier σ-Bindungen mit gleicher Bindungsenergie ein.

MERKE

Bei den genannten Alkanen sowie in den folgenden Abschnitten bei den Alkenen und Alkinen solltest du dir immer den jeweiligen Bindungswinkel, die sp^x-Hybridisierung und den Bindungstyp einprägen.

Bei komplizierter gebauten Molekülen reicht die Summenformel nicht aus, um eine Vorstellung von ihrer Form zu gewinnen oder ihren Aufbau eindeutig festzulegen.

- Die Fischer-Projektion bildet das Molekül in einer Strukturformel zweidimensional ab. Die Bindungen werden durch Striche angegeben. Für die meisten Fragestellungen ist diese Darstellung ausreichend.
- Soll noch näher auf die dreidimensionale Gestalt des Moleküls eingegangen werden, kann die Tiefeninformation in der Keilstrich-Schreibweise hinzugefügt werden, indem aus der Papierebene auf den Betrachter zulaufende Bindungen als dicker werdende Striche und nach hinten weisende Bindungen gestrichelt gezeichnet werden (➤ Abb. 3.1).

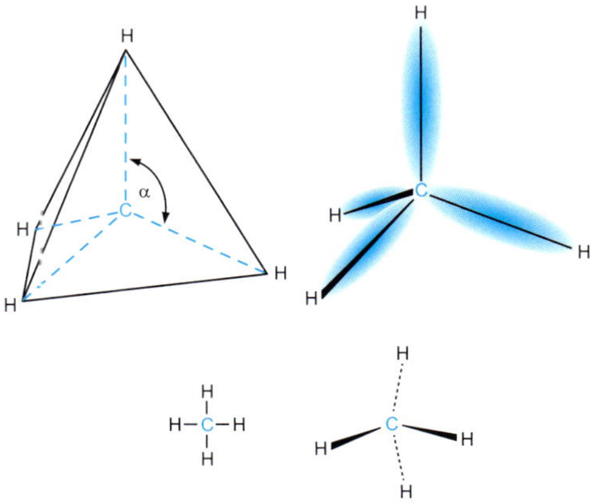

Abb. 3.1 Der tetraederförmige Bau des Methanmoleküls (oben), dargestellt in der Fischer-Projektion (unten links) und als Keilstrich-Formel (unten rechts) [L253]

- Bei großen Molekülen werden in der Strukturformel häufig abkürzend die C–H-Bindungen und die H-Atome weggelassen, um das Grundgerüst des Moleküls übersichtlicher darzustellen.

Für längere Ketten sind bei gleicher Summenformel unterschiedliche Strukturformeln möglich. Verbindungen, die die gleiche Summenformel, aber unterschiedliche Strukturformeln besitzen, werden **Konstitutionsisomere** genannt:

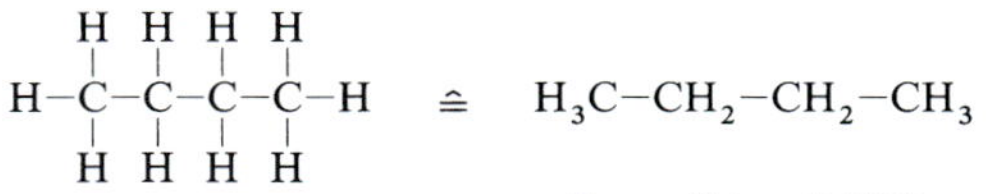

n-Butan (Sdp. –0,5 °C)

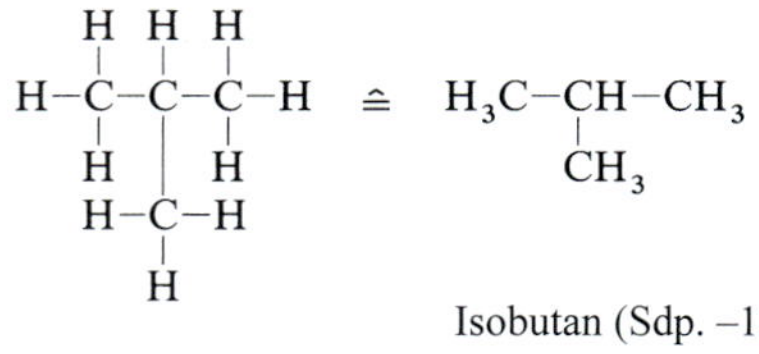

Isobutan (Sdp. –12 °C)

Bei den Alkanen wächst die Zahl der möglichen Isomere mit steigender Zahl der C-Atome stark an. Die Konstitutionsisomere eines Stoffs unterscheiden sich in ihren physikalischen Eigenschaften, z. B. dem Siedepunkt.

Im Allgemeinen können Konstitutionsisomere sogar unterschiedlichen chemischen Stoffgruppen angehören, wie bei Ethanol (➤ Kap.3.2.2) und Dimethylether (➤ Kap. 3.2.3).

3.1.2 Nomenklatur

Organische Verbindungen werden nach den Regeln der IUPAC systematisch benannt, sodass aus dem Namen die **Struktur des Moleküls** erkennbar wird. Zahlreiche im Alltag und in der Technik verwendete Substanzen sind aber schon länger unter ihrem gebräuchlichen Trivialnamen bekannt.

- Kohlenstoffatome werden nach der Zahl anderer C-Atome, mit denen sie direkt verbunden sind, als **primär, sekundär, tertiär** oder **quartär** bezeichnet:

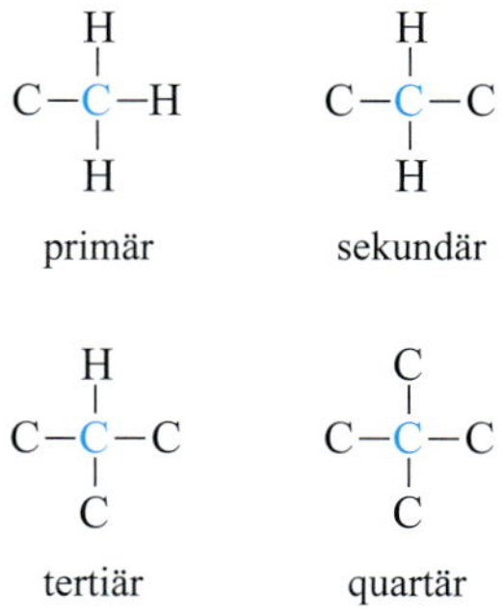

MERKE
Die gleiche Nomenklatur findest du bei den Alkoholen (➤ Kap. 3.2.2). Jedoch ist hier aufgrund der OH-Gruppe kein quartärer Alkohol möglich.

- Verzweigte Alkane werden nach der längsten unverzweigten Kohlenwasserstoffkette benannt.
- Kohlenwasserstoffreste, die anstelle von H-Atomen mit dieser Kette verbunden sind, werden **Alkylsubstituenten** genannt.

Der Name der Alkylreste leitet sich vom zugrunde liegenden Alkan ab. Die Endung „-an" wird durch „-yl" ersetzt. Eine CH_3-Gruppe wird z. B. abgeleitet vom Methan als Methylgruppe bezeichnet:

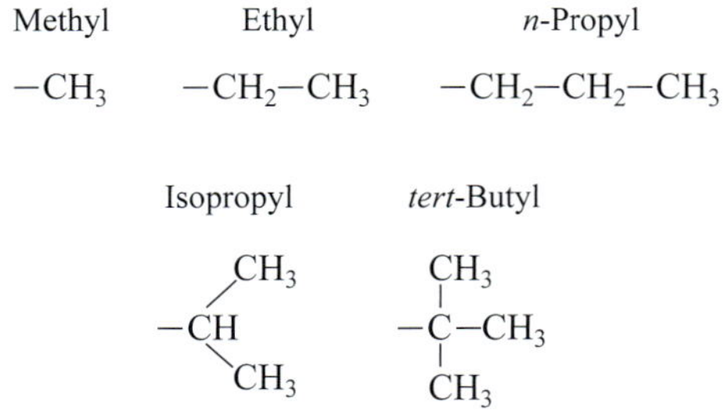

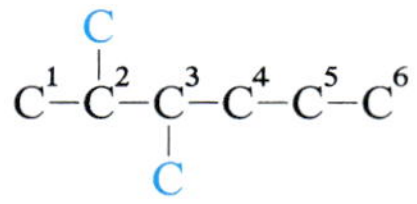

MERKE
Das mehrfache Auftreten einer Alkylgruppe im Molekül wird durch die Vorsilben di-, tri-, tetra- usw. angezeigt.

- Zur Anzeige der Position der Substituenten werden die Kohlenstoffatome der längsten Kette nummeriert, sodass diejenigen C-Atome, die die Substituenten tragen, die niedrigsten möglichen Nummern erhalten:
  Im gezeigten Beispiel wird die Kette deshalb von links nach rechts nummeriert. Bei einer Zählweise von rechts nach links hätten die betreffenden Atome die höheren Nummern 5 und 6 erhalten. Im Beispiel sind zur Vereinfachung die H-Atome nicht eingezeichnet.
- Falls die Nummerierung der C-Atome von beiden Seiten her erfolgen kann, werden unterschiedliche Substituenten in alphabetischer Reihenfolge genannt.

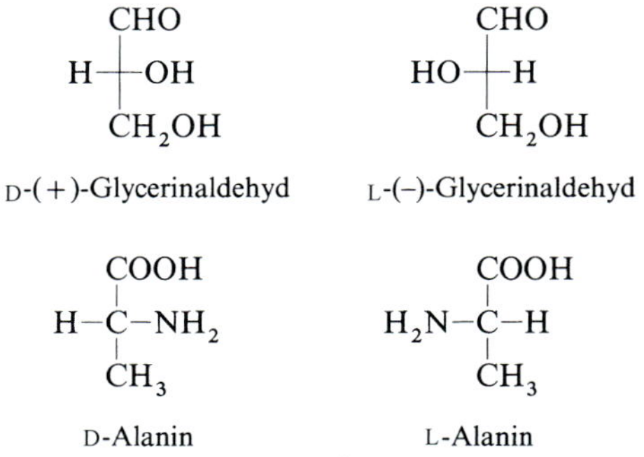

MERKE
Das mehrfache Auftreten einer Alkylgruppe im Molekül wird durch die Vorsilben di-, tri-, tetra- usw. angezeigt.

Nach diesen Regeln ist der Name der abgebildeten Verbindung 2,3-Dimethylhexan.

3.1.3 Alkene

Alkene (auch: Olefine) enthalten mindestens eine **C=C-Doppelbindung.** Es wird vom Namen des entsprechenden Alkans ausgegangen und die Endung „-an“ durch „-en“ ersetzt. Ethen und Propen sind auch unter den Trivialnamen Ethylen bzw. Propylen bekannt.

Die allgemeine Summenformel für Alkene mit einer Doppelbindung lautet:

$$C_nH_{2n}$$

Die homologe Reihe der Alkene lautet:

$CH_2{=}CH_2$ — Ethen, C_2H_4

$H_3C-CH{=}CH_2$ — Propen, C_3H_6

$H_3C-CH_2-CH{=}CH_2$ — 1-Buten, C_4H_8

$H_3C-CH{=}CH-CH_3$ — 2-Buten, C_4H_8

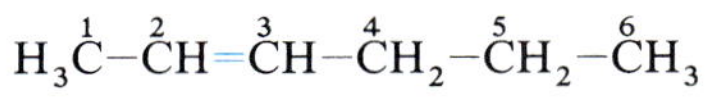

2-Hexen

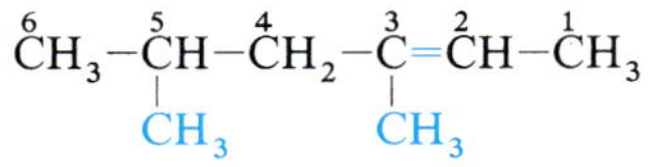

3,5-Dimethyl-2-hexen

Ab dem Buten sind unterschiedliche Positionen für die Doppelbindung möglich. Die Lage der Doppelbindung wird durch eine Zahl vor dem Stammnamen des Moleküls angegeben. Die Nummerierung der längsten Kohlenstoffkette erfolgt so, dass das C-Atom mit der Doppelbindung eine möglichst kleine Zahl erhält.

Kohlenwasserstoffe mit zwei C=C-Doppelbindungen werden als Alkadiene oder kurz als **Diene** bezeichnet. Bei mehr als zwei Doppelbindungen wird von **Polyenen** gesprochen.

Auch hier wird im Namen die Lage der Doppelbindungen durch vorangestellte Ziffern gekennzeichnet:

$CH_2{=}CH-CH{=}CH_2$ — 1,3-Butadien

$CH_2{=}CH-CH_2-CH{=}CH_2$ — 1,4-Pentadien

C=C-Doppelbindung

Kohlenwasserstoffe, in denen Doppelbindungen vorkommen, werden als **ungesättigte** Kohlenwasserstoffe bezeichnet.

Kohlenstoffatome mit einer Doppelbindung sind sp^2-**hybridisiert.** Drei der Bindungen sind σ-Bindungen. Die zweite Bindung in der Doppelbindung ist eine π-Bindung. Die Bindungsenergie der π-Bindung (≈ 300 kJ/mol) ist geringer als die der σ-Bindungen (≈ 400 kJ/mol).

MERKE

Die Doppelbindung stellt einen **reaktiven Bereich** dar. Die Aufspaltung der π-Bindung stellt zwei Elektronen zur Verfügung, mit denen Bindungen zu anderen Reaktionspartnern geknüpft werden können. Ungesättigte Kohlenwasserstoffe sind daher reaktionsfreudiger als gesättigte Verbindungen, in denen nur Einfachbindungen im Kohlenstoffgerüst vorliegen.

Im Fall alternierender Einfach- und Doppelbindungen, wie bei 1,3-Butadien, spricht man von konjugierten **Doppelbindungen. Isolierte** Doppelbindungen sind dagegen durch mehrere Einfachbindungen getrennt.

In konjugierten Doppelbindungen delokalisieren die π-Elektronen. Sie sind nicht mehr einer einzelnen Bindung zuzuordnen, sondern sie bilden eine Raumladungswolke, die sich über den gesamten Konjugationsbereich erstreckt. Dieses Phänomen wird als Mesomerie bezeichnet. Der Zustand ist energieärmer und damit stabiler als isolierte Doppelbindungen.

Das Phänomen der **Mesomerie** kann sehr anschaulich bei **Aromaten** beobachtet werden (➤ Kap. 3.4.2).

3.1.4 Alkine

In **Alkinen** tritt eine **Dreifachbindung** zwischen den C-Atomen auf. Die Namen leiten sich von den Alkanen ab, es wird die Endung „-in“ angehängt:

$H-C{\equiv}C-H$

Ethin

Das Kohlenstoffatom ist sp-**hybridisiert.** Die Dreifachbindung besteht aus einer σ- und zwei π-Bindungen. Hier ist das Molekül besonders reaktiv. Es existieren nur wenige Naturstoffe, in denen eine Dreifachbindung bekannt ist.

Ethin, das einfachste Alkin, ist unter dem Trivialnamen Acetylen bekannt. Das Gas Acetylen wird beim Schweißen benutzt, weil bei seiner Verbrennung mit reinem Sauerstoff hohe Flammtemperaturen von bis zu 3000 °C erreicht werden.

CHECK-UP

Welche Hybridisierung tritt in Alkinen auf?

Jetzt bist du dran!

Überblick gewinnen

Notiere dir ca. 5 Stichwörter aus diesem Unterkapitel.

3.2 Funktionelle Gruppen

In den Kohlenwasserstoffen kann das H-Atom an einem oder an mehreren Kohlenstoffatomen durch ein anderes Element oder durch sog. funktionelle Gruppen ersetzt werden. Jeder Substituent beeinflusst das gesamte Molekül in charakteristischer Weise. Nach der Art der Substituenten lassen sich Stoffgruppen mit typischen Eigenschaften klassifizieren.

3.2.1 Halogenalkane

In **halogenierten Kohlenwasserstoffen** sind ein oder mehrere Wasserstoffatome durch Halogene ersetzt (➤ Abb. 3.2). Halogenalkane kommen natürlicherweise nicht vor, es handelt sich um synthetisch hergestellte Verbindungen. Chlorierte Kohlenwasserstoffe wie Dichlormethan, $CHCl_2$, Trichlormethan, $CHCl_3$, und Tetrachlorkohlenstoff, CCl_4, werden als apolare Lösungsmittel verwendet.

Höhermolekulare Chlorkohlenwasserstoffe **(CKW)** werden als Insektizide eingesetzt, dazu zählen das Holzschutzmittel Lindan und DDT (Dichlordiphenyltrichlorethan). CKW sind fettlöslich. Sie können sich daher im Fettgewebe anreichern und Langzeitwirkungen zeigen.

Fluorierte Chlorkohlenwasserstoffe **(FCKW)** sind unter Markennamen wie Frigen oder Freon als Kältemittel in Kühlgeräten und Klimaanlagen bekannt (Frigen R12 = Dichlordifluormethan, CCl_2F_2).

FCKW bauen allerdings die Ozonschicht in der oberen Atmosphäre ab und werden deshalb zunehmend durch andere Halogenalkane als Kältemittel ersetzt.

KLINIK

Auch in der Medizin werden Halogenalkane eingesetzt.

- **Chlorethan,** $CH_3–CH_2Cl$, hat einen Siedepunkt von 12 °C. Es wird als Vereisungsmittel bei kleineren chirurgischen Eingriffen und bei Sportverletzungen benutzt.
- Trichlormethan, bekannt als **Chloroform,** besitzt eine narkotische Wirkung. Es wurde früher als Inhalationsnarkotikum benutzt. Sein Einsatz war allerdings wegen seiner toxischen Wirkung nicht unproblematisch. Es wurde daher zunächst durch Äther abgelöst. Heute werden leichter dosierbare und besser verträgliche Mittel verabreicht, wie z. B. 2-Brom-2-Chlor-1,1,1-trifluorethan (Halothan).

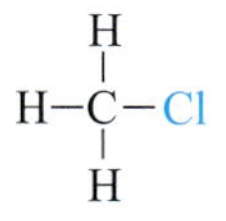

Chlormethan (Methylchlorid)

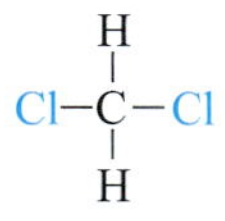

Dichlormethan (Methylenchlorid)

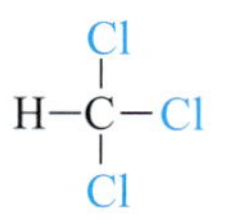

Trichlormethan (Chloroform)

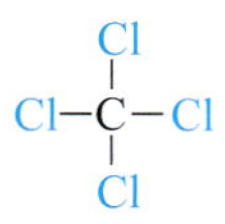

Tetrachlormethan (Tetrachlorkohlenstoff)

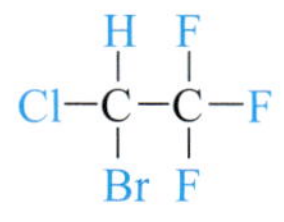

Halothan

Abb. 3.2 Beispiele für Halogenalkane [L253]

3.2.2 Alkohole

Das Ersetzen des Wasserstoffatoms eines Aliphats durch eine **Hydroxygruppe** (OH-Gruppe) wird durch die Endung „-ol" gekennzeichnet. Es entsteht ein Alkanol, gebräuchlicher ist hier aber der Name **Alkohol:**

Aliphat

Alkanol (Alkohol)

Schematisch könnte man sich den Alkohol auch aus einem Wassermolekül entstanden denken, bei dem ein H-Atom entfernt und durch eine Alkylgruppe ersetzt wurde. Ein Alkylrest wird hier und im Folgenden mit R bezeichnet.

Der Vergleich mit dem Wassermolekül zeigt die Ladungsverteilung an der OH-Gruppe, die dem Alkohol einen **polaren Charakter** verleiht. Alkohole sind mit Wasser mischbar und genau wie die Wassermoleküle können sich auch Alkoholmoleküle durch Wasserstoffbrückenbindungen assoziieren. Mit wachsender Kettenlänge wird die Mischbarkeit der Alkohole mit Wasser geringer, mit steigender Zahl der OH-Gruppen nimmt sie zu.

MERKE

- Je mehr CH_2-Gruppen in einem Molekül vorkommen, desto apolarer wird das Molekül.
- Je höher die Anzahl an OH-Gruppen ist, desto polarer wird das Molekül.

Außerdem hängt die Siedetemperatur eines Alkohols von der Anzahl an polaren OH-Gruppen sowie von der Kettenlänge des Moleküls ab.

Der einfachste Alkohol ist Methanol (Methylalkohol), seine Summenformel ist CH_4O. In der Regel wird die OH-Gruppe aber als eigenständiges funktionelles Element gekennzeichnet und deshalb die Schreibweise CH_3OH gewählt oder als vereinfachte Strukturformel $CH_3–OH$ angegeben. Der nächste Alkohol ist Ethanol (Ethylalkohol), C_2H_5OH bzw. $CH_3–CH_2–OH$. Die homologe Reihe der Alkohole setzt sich mit Propanol, Butanol usw. fort.

Alkohole sind brennbar. Methanol wird in einigen Bereichen als Kraftstoff für Verbrennungsmotoren verwendet.

Nach der Lage der Hydroxygruppe an einem primären, sekundären oder tertiären C-Atom wird der Alkohol als **primärer, sekundärer** oder **tertiärer Alkohol** bezeichnet:

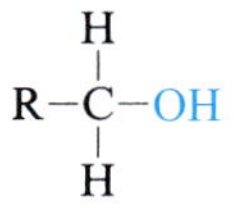

primärer Alkohol

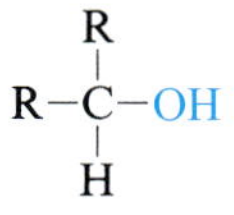

sekundärer Alkohol

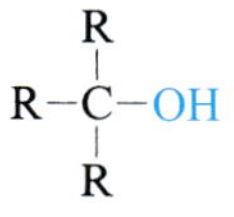

tertiärer Alkohol

Niedere Alkohole, d. h. solche mit bis zu 10 C-Atomen, sind bei Raumtemperatur flüssig. Ihre Dichte ist etwas geringer als die von Wasser.

Ein Vergleich der Siedepunkte mit denen von Alkanen ähnlicher Molekülmasse (➤ Tab. 3.2) zeigt den starken Einfluss der intermolekularen Anziehung, hervorgerufen durch die Polarität der OH-Gruppen.

KLINIK

Ethanol ist derjenige Alkohol, der in alkoholischen Getränken enthalten ist. Sein Konsum hat ein suchterzeugendes Potenzial. Ethanol führt zu Rauschzuständen und bei höherer Dosis zu Vergiftungserscheinungen. Durch das Enzym Alkoholdehydrogenase wird Ethanol in der Leber zu Acetaldehyd und weiter zu Essigsäure abgebaut.
Methanol ruft schon in geringer Menge starke Vergiftungen mit irreversiblen Folgen hervor. Seine Abbauprodukte schädigen den Sehnerv bis hin zur Erblindung. Schon 30 ml Methanol können für einen Erwachsenen letal sein.

Einwertige Alkohole enthalten nur eine Hydroxygruppe. **Mehrwertige** Alkohole oder Polyole verfügen über mehrere OH-Gruppen:

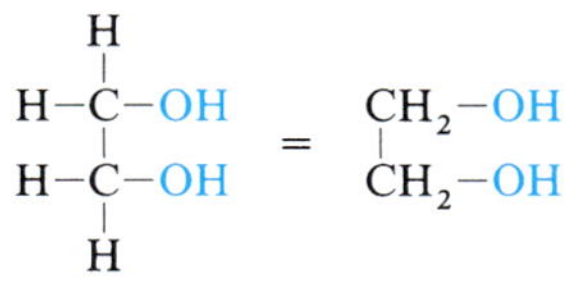

Ethylenglykol (= Glykol)

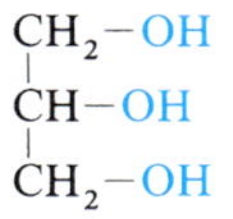

Glycerin (= Glycerol)

Tab. 3.2 Siedepunkte von Alkanen und Alkoholen im Vergleich

Verbindung		Rel. Molekülmasse	Siedetemperatur [*T*/°C]	
Methanol	$CH_3–OH$	32	65	ΔT = 154 °C
Ethan	$CH_3–CH_3$	30	–89	
Ethanol	$CH_3–CH_2–OH$	46	78	ΔT = 120 °C
Propan	$CH_3–CH_2–CH_3$	44	–42	

Der zweiwertige Alkohol Ethylenglykol (Glykol) findet als Frostschutzmittel Anwendung. Der einfachste dreiwertige Alkohol ist Glycerin (Glycerol), ein Bestandteil der Glycerophospholipide der Zellmembran.

3.2.3 Ether

Die für den **Ether** bestimmende Anordnung der Substituenten ist R–O–R. Aus dem schon bei den Alkoholen aus dem Wassermolekül abgeleiteten Schema kann der Ether als ein H_2O-Molekül angesehen werden, bei dem beide H-Atome durch Alkylgruppen ersetzt wurden:

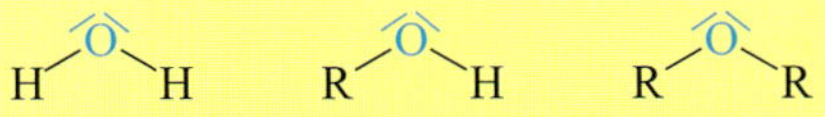

Wasser | Alkohole | Ether

Ether sind **apolar,** sie sind deshalb in der Regel nicht mit Wasser mischbar. Sie bilden mit Wasser zwei getrennte flüssige Phasen. Die einzige Ausnahme bilden Dimethylether und der cyclische Ether Dioxan. Aufgrund der Apolarität sind die zwischenmolekularen Anziehungskräfte bei Ether wesentlich geringer als bei den Alkoholen. Der Siedepunkt der Ether ist mit denen von Alkanen mit gleicher Molekülmasse vergleichbar (➤ Tab. 3.3).

Tab. 3.3 Siedepunkt von Diethylether im Vergleich

Verbindung		Rel. Molekülmasse	Siedetemperatur [°C]
n-Butanol	$CH_3–CH_2–CH_2–CH_2–OH$	74	118
Diethylether	$CH_3–CH_2–O–CH_2–CH_3$	74	35
n-Pentan	$CH_3–CH_2–CH_2–CH_2–CH_3$	72	36

Ether entstehen säurekatalysiert unter Wasserabspaltung aus zwei Alkoholmolekülen.

- Aus Methanol bildet sich Dimethylether und aus Ethanol Diethylether. Beides sind **symmetrische** Ether.
- In einem Gemisch zweier Alkohole entstehen auch **asymmetrische** Ether. So bildet sich in einem Methanol-Ethanol-Gemisch neben den beiden genannten symmetrischen noch der asymmetrische Ether Methylethylether:

$H_3C-\overline{O}-CH_3$ Methoxymethan (Dimethylether)

$H_3C-CH_2-\overline{O}-CH_2-CH_3$ Ethoxyethan (Diethylether = „Äther")

KLINIK

Diethylether ist ein unter seinem Trivialnamen **Äther** bekanntes Inhalationsnarkotikum. Äther wurde lange Zeit als Narkosemittel verwendet. Die Dosierbarkeit und Verträglichkeit ist der des Chloroforms überlegen. Der Umgang mit Äther ist jedoch nicht ungefährlich, ein Äther-Luft-Gemisch ist sehr explosiv. Heute wurde Äther von noch besser verträglichen und nicht brennbaren Inhalationsnarkotika abgelöst.

3.2.4 Thiole, Thioether

Im Periodensystem steht **Schwefel** unterhalb des Sauerstoffs in der 16. Gruppe. Genau wie der Sauerstoff kann das Schwefelatom zwei Elektronen aufnehmen. Schwefel kann in Verbindungen den Platz des Sauerstoffatoms einnehmen; dem Wasser, H_2O, entspricht z. B. der Schwefelwasserstoff, H_2S. Mit dem Ersetzen der H-Atome durch Kohlenwasserstoffreste lassen sich den Alkoholen und Ethern analoge Schwefelverbindungen klassifizieren: die **Thiole** – auch **Mercaptane** genannt – und die **Thioether:**

Schwefelwasserstoff | Thiol (Mercaptan) | Sulfid (Thioether)

Die Vorsilbe Thio- ist abgeleitet von dem griechischen Namen des Schwefels: theion. Die Bezeichnung Mercaptane für die Thiole rührt daher, dass die SH-Gruppen Quecksilberionen (lat. mercurius) einfangen können (lat. capere) und mit diesen Komplexe bilden.
Für Thioether ist auch die Bezeichnung Sulfid gebräuchlich:

CH_3CH_2-SH Ethanthiol (Ethylmercaptan)

$H_3C-S-CH_3$ Dimethylsulfid (Methylthiomethan)

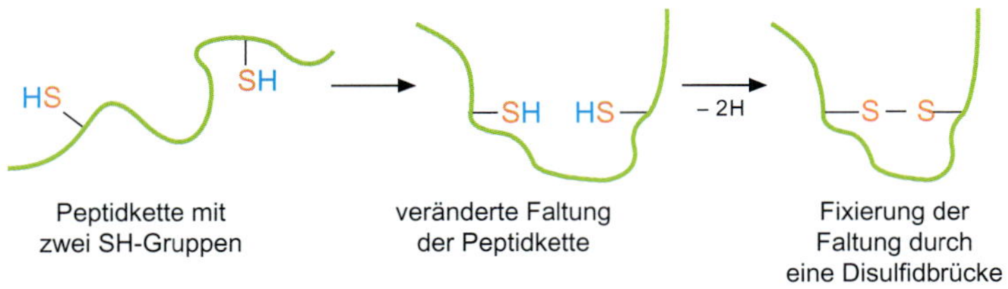

Abb. 3.3 Disulfidbrückenbildung innerhalb eines Proteins [L253]

Diese Wahl der Namensgebung beinhaltet aber eine Verwechslungsgefahr, denn allgemein werden die Salze des Schwefels als Sulfide bezeichnet, z. B. Natriumsulfid, Na_2S.

Die Elektronegativität des Schwefels ist geringer als die des Sauerstoffs. Die S–H-Bindung ist schwächer und weniger polarisiert als die O–H-Bindung in Alkoholen. Der Siedepunkt der Thiole ist deutlich geringer als der vergleichbarer Alkohole.

MERKE

SH-Gruppen sind leichter oxidierbar als OH-Gruppen.

Viele Proteine enthalten freie SH-Gruppen. Unter Abspaltung des Wasserstoffs kann sich zwischen zwei Schwefelatomen eine **Disulfidbrücke** ausbilden (➤ Abb. 3.3). Diese Brücken verändern und fixieren die Faltung des Proteins. Neben Wasserstoffbrückenbindungen bestimmen die Disulfidbrücken entscheidend die Geometrie vieler Makromoleküle.

KLINIK

Humaninsulin besteht aus zwei Peptidketten, die durch Disulfidbrücken zusammengehalten werden.

Das Schwefelatom trägt zwei freie Elektronenpaare. Im Unterschied zu den Ethern sind Thioether **oxidierbar,** d. h., an das Schwefelatom können sich ein oder zwei Sauerstoffatome anlagern:

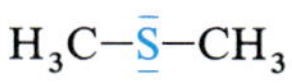

Dimethyl*sulfid*

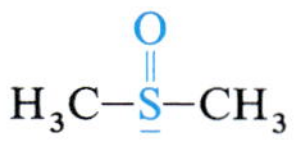

Dimethyl*sulfoxid* (DMSO)

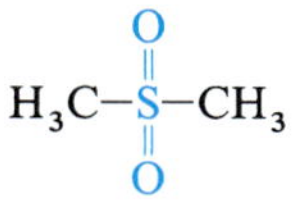

Dimethyl*sulfon*

KLINIK

Das abgebildete **Dimethylsulfoxid** (DMSO) ist ein Lösungsmittel, in dem sich sowohl hydrophile als auch lipophile Substanzen lösen und das in der Labormedizin und Mikrobiologie verwendet wird. Häufig wird vor dem Konservieren lebender Zellen durch Einfrieren der Suspension DMSO zugegeben. Dies reduziert die Bildung von Eiskristallen.

3.2.5 Amine

Amine enthalten das Element **Stickstoff.** Sie können als Derivate des Ammoniaks, NH_3, aufgefasst werden. Das Ammoniakmolekül

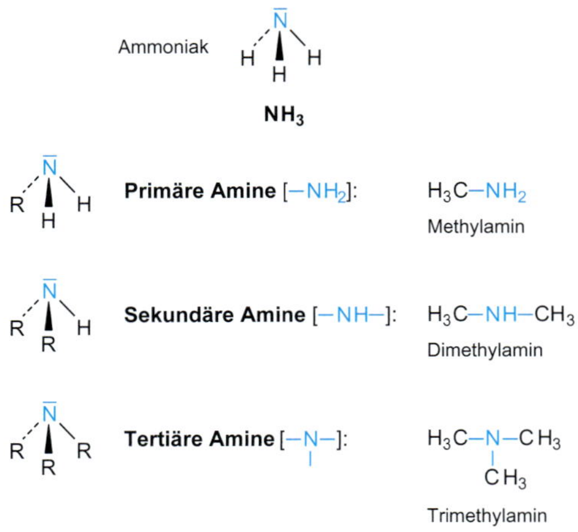

Abb. 3.4 Schematische Klassifizierung der Amine (li.) und Beispiele (re.) [L253]

ist räumlich gebaut wie ein Tetraeder, d. h. eine Pyramide mit dreieckiger Grundfläche. An der Spitze steht das Stickstoffatom und an den Ecken der Grundfläche befinden sich die Wasserstoffatome. Werden diese nacheinander durch organische Reste ersetzt, entstehen zunächst **primäre,** dann **sekundäre** und **tertiäre Amine** (➤ Abb. 3.4).

Cave: Die Klassifizierung der Amine unterscheidet sich von der der Alkohole. Bei den Alkoholen richtet sich die Einordnung nach den Substituenten des Kohlenstoffatoms, das die funktionelle Gruppe trägt. Bei den Aminen erfolgt die Klassifizierung nach der Zahl der organischen Substituenten am Stickstoffatom.

Die NH_2-Gruppe wird als **Aminogruppe** bezeichnet.

Das Stickstoffatom im Ammoniak und in den Aminen trägt ein freies Elektronenpaar, an das sich ein Proton anlagern kann. Protonenakzeptoren sind Basen, Amine sind deshalb **basisch.**

3.2.6 Aldehyde, Ketone

Das Strukturmerkmal von Aldehyden und Ketonen ist die **Carbonylgruppe,** hier ist ein Sauerstoffatom durch eine Doppelbindung mit dem Kohlenstoffatom verbunden:

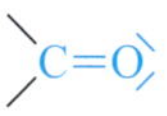

Carbonylgruppe

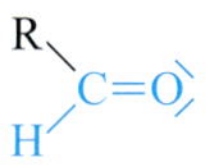

Aldehyd R–CHO

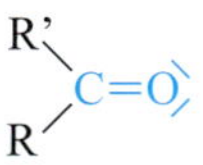

Keton R–CO–R′

Die vereinfachte Schreibweise für die Aldehydgruppe ist –CHO. Aldehyde und Ketone entstehen aus Alkoholen durch Abspaltung von H_2. Die Dehydrierung ist nach der Definition des Begriffs gleichbedeutend mit einer Oxidation. Durch Oxidation primärer Alkohole entstehen **Aldehyde,** aus der Oxidation sekundärer Alkohole **Ketone.**

Die Bezeichnungen der Aldehyde leiten sich von denen der Kohlenwasserstoffe ab und sind durch die Endung „-al" gekennzeichnet. Der einfachste Aldehyd ist Methanal, H–CHO. Methanal ist ein vielfältig eingesetztes Konservierungsmittel, das besser unter seinem Trivialnamen Formaldehyd bekannt ist.

Das fortgesetzte Anfügen einer CH_2-Gruppe ergibt eine homologe Reihe der Aldehyde, die sich mit Ethanal, Propanal, Butanal usw. fortsetzt. Aldehyde lassen sich nicht nur aus den Alkanen ableiten, sondern auch aus Alkenen bzw. Dienen oder Polyenen:

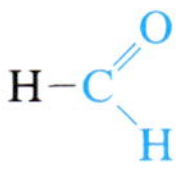

Formaldehyd
(Methanal)

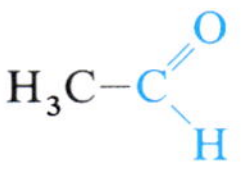

Acetaldehyd
(Ethanal)

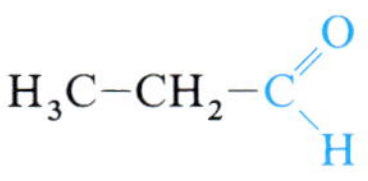

Propionaldehyd
(Propanal)

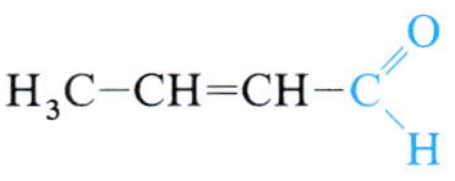

Crotonaldehyd
(2-Butenal)

Ketone werden durch die Namensendung „-on" gekennzeichnet. Das einfachste Keton ist das als Aceton bekannte Propanon:

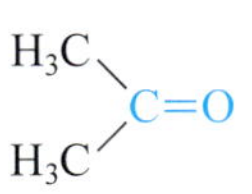

Aceton
(= Propanon)

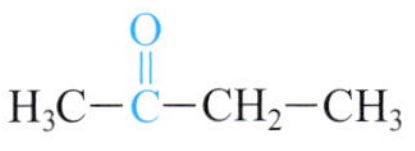

Ethylmethylketon
(= Butanon)

MERKE

Durch Oxidation primärer Alkohole entstehen Aldehyde, aus der Oxidation sekundärer Alkohole Ketone. Die weitere Oxidation von Aldehyden führt schließlich zu den Carbonsäuren.

KLINIK

Formalin ist eine 35- bis 37-prozentige wässrige Formaldehydlösung. Formalin wird zur Konservierung anatomischer Präparate benutzt.
Aceton wird bei metabolischer Azidose mit der Atemluft abgegeben. Aceton besitzt einen typischen obstartigen, süßlichen Geruch. Dieser Atemgeruch ist ein charakteristischer Hinweis auf eine Stoffwechselentgleisung, wie bei Diabetes mellitus.

3.2.7 Carbonsäuren

Das funktionelle Element der Carbonsäuren ist die **Carboxylgruppe:**

Carboxylgruppe:
(–COOH)

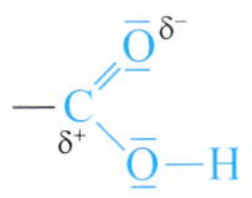

Die Carboxylgruppe ist durch die Doppelbindung zum Sauerstoffatom stark polarisiert. An der OH-Gruppe wird das Proton leicht abgegeben. Es verbleibt das **Carboxylat-Anion,** $-COO^-$. Protonendonatoren sind Säuren. Carboxylgruppen verleihen einer organischen Verbindung ihren **Säurecharakter.**

Im Carboxylat-Anion kann die negative Ladung im Austausch mit der Doppelbindung von einem zum anderen Sauerstoffatom wechseln. Das Carboxylat-Anion ist **mesomeriestabilisiert:**

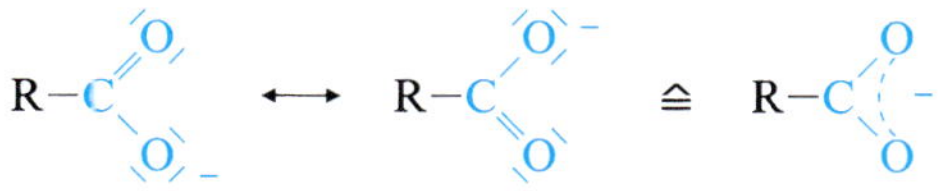

Mesomerie des Carboxylat-Anions

Der **Mesomerie- oder Resonanzpfeil** in oben stehender Reaktionsgleichung sollte nicht der nicht mit dem normalen Reaktionspfeil (mit nur je einer Pfeilspitze) verwechselt werden! Die beiden dargestellten Moleküle sind sog. Grenzformeln, d. h., die tatsächliche Elektronenverteilung des Moleküls liegt zwischen den von den Grenzformeln angegebenen Elektronenverteilungen.

Die systematischen Namen der Carbonsäuren leiten sich aus den Namen der zugrunde liegenden Alkane und der Endung „-säure" ab.

In der alltäglichen Anwendung haben sich die Bezeichnungen nach den IUPAC-Regeln aber nicht durchgesetzt. Die einfachen Carbonsäuren sind besser unter ihren Trivialnamen bekannt (➤ Tab. 3.4).

Ein- und mehrwertige Carbonsäuren

Monocarbonsäuren besitzen nur eine Carboxylgruppe. Die allgemeine Formel der aliphatischen Monocarbonsäuren ist:

$$C_nH2_{n+1} - COOH$$

Die kurzkettigen Säuren sind flüssig. Mit länger werdender Kettenlänge wird die Konsistenz wachsartiger und schließlich fest (➤ Tab. 3.4).

Wenn die Carbonsäure zusätzliche funktionelle Gruppen trägt, wird deren Stellung auf die Lage der Carboxylgruppe bezogen. Es existieren zwei Verfahren der Benennung der Kohlenstoffatome:

Tab. 3.4 Aliphatische Monocarbonsäuren

Name	Formel	Kettenlänge	Siedepunkt [°C]
Ameisensäure (Methansäure)	H–COOH	C_1	101
Essigsäure (Ethansäure)	H_3C–COOH	C_2	118
Propionsäure (Propansäure)	H_3C–CH_2–COOH	C_3	141
Buttersäure (Butansäure)	H_3C–$(CH_2)_2$–COOH	C_4	164
Name	**Formel**	**Kettenlänge**	**Schmelzpunkt [°C]**
Palmitinsäure	H_3C–$(CH_2)_{14}$–COOH	C_{16}	63
Stearinsäure	H_3C–$(CH_2)_{16}$–COOH	C_{18}	70

Tab. 3.5 Aliphatische Dicarbonsäuren

Name	Formel	Kettenlänge
Oxalsäure (Ethandisäure)	HOOC–COOH	C_2
Malonsäure (Propandisäure)	HOOC–CH_2–COOH	C_3
Bernsteinsäure (Butandisäure)	HOOC–$(CH_2)_2$–COOH	C_4
Glutarsäure (Pentandisäure)	HOOC–$(CH_2)_3$–COOH	C_5

- Beginnend mit dem C-Atom der Carboxylgruppe wird die Kohlenstoffkette aufsteigend nummeriert.
- Gebräuchlicher ist die zweite Methode, nach der das Kohlenstoffatom, das die COOH-Gruppe trägt, als α-Atom bezeichnet wird. Die weiteren C-Atome werden fortlaufend mit kleinen griechischen Buchstaben gekennzeichnet.
- Das letzte Kohlenstoffatom der Kette wird stets als ω-Atom bezeichnet:

$$\underset{\omega}{H_3C}-(CH_2)_n-\underset{\delta}{\overset{5}{CH_2}}-\underset{\gamma}{\overset{4}{CH_2}}-\underset{\beta}{\overset{3}{CH_2}}-\underset{\alpha}{\overset{2}{CH_2}}-\overset{1}{COOH}$$

Mehrwertige Carbonsäuren enthalten mehrere Carboxylgruppen. Sie werden als Dicarbonsäuren (➤ Tab. 3.5), Tricarbonsäuren usw. eingeteilt. Bekanntester Vertreter der Tricarbonsäuren ist die Zitronensäure:

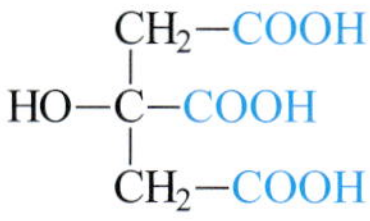

MERKE
Eine Carboxylgruppe kann ihr Proton abgeben, eine Aldehydgruppe hingegen nicht. Bei diesen fungiert das benachbarte α-C-Atom als Protonendonator. Die Aldehydgruppe ist nicht mesomeriestabilisiert.

Carbonsäurederivate

Die Carbonsäuren sind Grundlage einer großen Familie zahlreicher Verbindungen, die entstehen, wenn die OH-Gruppe der Carboxylgruppe durch andere polare Gruppen ersetzt wird.

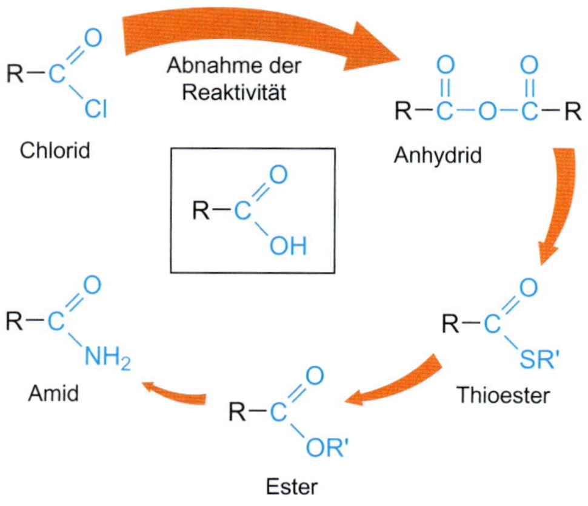

Abb. 3.5 Verschiedene Carbonsäurederivate; die Reaktivität der entstandenen Carbonylgruppe hängt von der Elektronenaffinität des Substituenten ab. [L253]

Eine kurze Übersicht dieser Carbonsäurederivate gibt ➤ Abb. 3.5:
- Das Ersetzen der OH-Gruppe durch ein Chlormolekül führt zu einem **Säurechlorid.**
- Wenn sich zwei Carboxylgruppen unter Wasserabspaltung verbinden, entsteht ein **Säureanhydrid:**

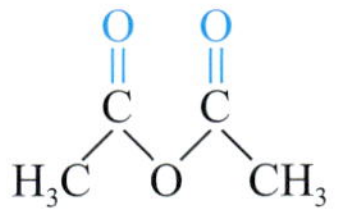

Essigsäureanhydrid

- Je ein Wassermolekül wird auch freigesetzt bei der Reaktion mit Thiolen, Alkoholen oder Ammoniak. Es entstehen dann **Thioester, Ester** oder **Säureamide** (➤ Kap. 4.8.3). Durch Hydrolyse ist jeweils wieder die Rückreaktion zur Carbonsäure möglich.

Der R–CO-Rest der Carbonsäurederivate wird als **Acylrest** bezeichnet.

Die Bildung von Carbonsäureanhydriden und Carbonsäureestern wird nachfolgend nochmals dargestellt.

Carbonsäureanhydride

Carbonsäureanhydride entstehen unter Wasserabspaltung aus der Reaktion zweier Carboxylgruppen:

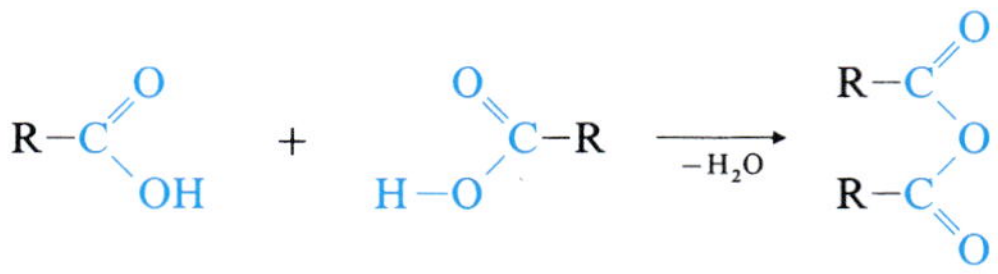

Bei Dicarbonsäuren ist auch eine Verbindung beider Carboxylgruppen zu einem intramolekularen Ringschluss möglich. Es entstehen dabei bevorzugt 5- oder 6-gliedrige Ringe:

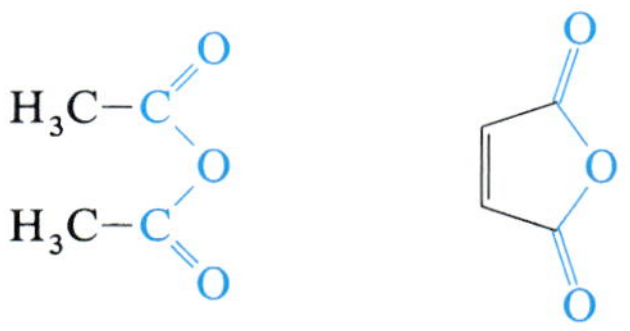

Acetanhydrid Maleinsäureanhydrid

MERKE
Häufige Aufgabe in Prüfungsfragen ist es, in einer Reihe von Molekülen ein Carbonsäureanhydrid zu erkennen. Eindeutiges Erknnungsmerkmal für Carbonsäureanhydride ist die charakteristische O=C–O–C=O-Gruppe.

Carbonsäureester

Ester bilden sich aus einer Carbonsäure und einem Alkohol. Dabei wird ein Wassermolekül abgespalten:

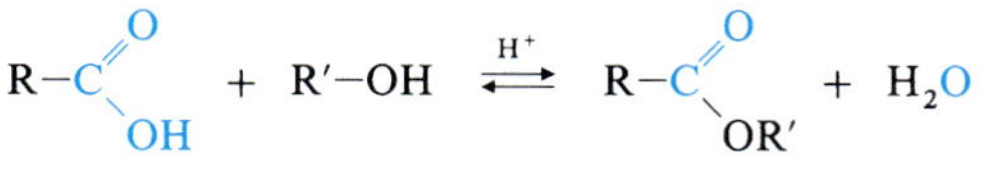

Säure Alkohol Ester Wasser

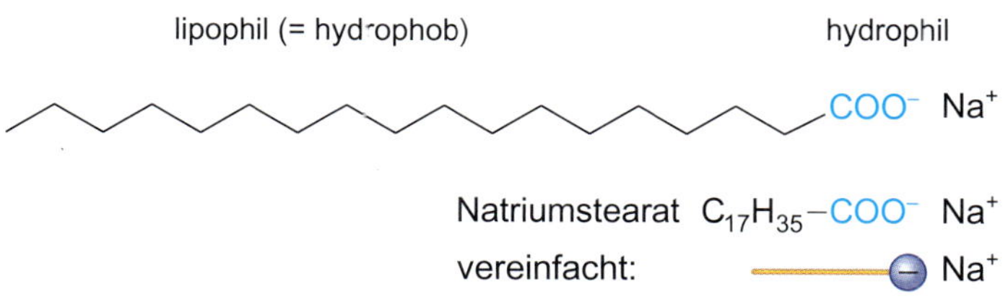

Abb. 3.6 Grundstruktur von Seifen am Beispiel Natriumstearat [L253]

Die Bezeichnung des Esters leitet sich aus den Namen der Ausgangsstoffe ab. So bilden Essigsäure und Methanol Essigsäuremethylester.

Die Ethylester besitzen einen fruchtartigen Geruch und Geschmack. Sie sind deshalb als künstliche Aromastoffe in Lebensmitteln zu finden.

Reagiert die Carboxylgruppe mit einer OH-Gruppe desselben Moleküls, entstehen cyclische Ester, diese werden **Lactone** genannt:

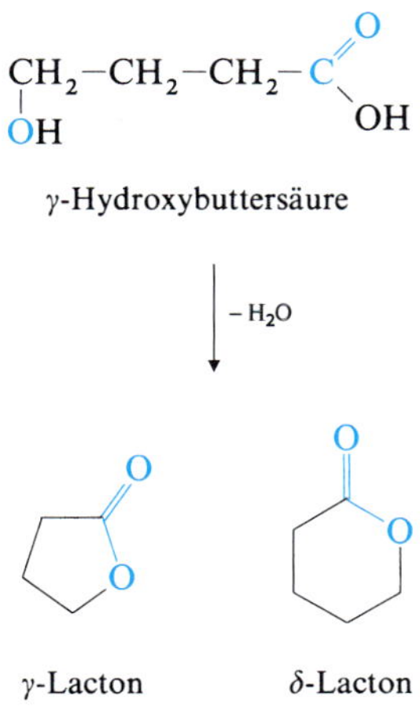

Auch hier entstehen bevorzugt 5- oder 6-gliedrige Ringe.

Ein 5-gliedriges γ-Lacton entsteht aus einer γ-Hydroxycarbonsäure, das 6-gliedrige δ-Lacton aus einer δ-Hydroxycarbonsäure.

Salzbildung

Carbonsäure-Anionen bilden mit Kationen **Salze.** Die Salze der Carbonsäuren werden im Namen durch die Endung „-at" gekennzeichnet.

So heißen die Salze der Essigsäure Acetate, die der Zitronensäure Citrate usw. In wässriger Lösung sind die Salze vollständig dissoziiert.

Die Salze langkettiger Carbonsäuren werden als **Seifen** bezeichnet. Ihre besonderen Eigenschaften liegen in dem gegensätzlichen Verhalten beider Enden des Moleküls begründet (➤ Abb. 3.6). Die Carboxylgruppe ist hydrophil, die lange Kohlenwasserstoffkette dagegen hydrophob. Das Verhalten solcher Moleküle wird **amphiphil** (auch: amphipathisch) bezeichnet. An einer Phasengrenze zum wässrigen Milieu zeigen polaren „Köpfe" der Moleküle ins Innere, während die apolaren „Schwänze" nach außen weisen.

Im Wasser ordnen sich die Seifenmoleküle zu einer Kugelschale an, die Mizelle genannt wird (➤ Abb. 3.7). Im Inneren einer solchen **Mizelle** kann ein apolares Schmutzteilchen transportiert oder können kleinste Fetttröpfchen emulgiert werden.

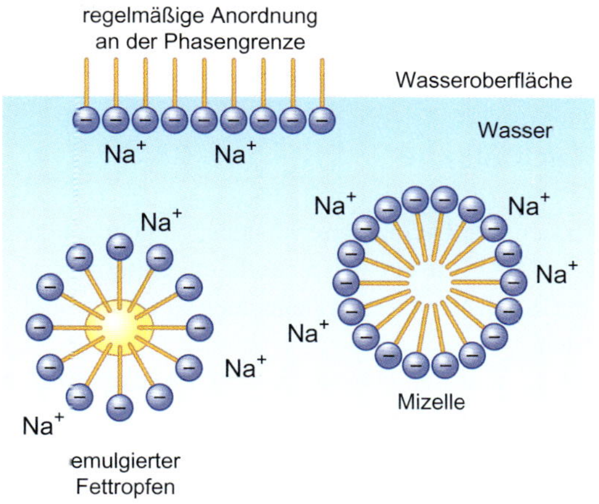

Abb. 3.7 Verhalten langkettiger amphiphiler Moleküle in Wasser am Beispiel des Natriumstearats [L253]

MERKE

Amphiphile Stoffe besitzen sowohl hydrophile als auch hydrophobe Eigenschaften!

KLINIK

Im Verdauungskanal bilden die **Gallensäuren** Mizellen, durch die Fette aus der Nahrung emulgiert und dann vom Körper aufgenommen werden können.

CHECK-UP

- Bei der Verbindung welcher Stoffe bildet sich ein Ester?
- Welches Molekül wird bei der Esterbindung freigesetzt?

Jetzt bist du dran!

Überblick gewinnen

Notiere dir ca. 5 Stichwörter aus diesem Unterkapitel.

3.3 Carbo- und Heterocyclen

In **cyclischen** Kohlenstoffverbindungen schließt sich die Kohlenstoffkette zu einem Ring. Besteht das Gerüst des Rings nur aus Kohlenstoffatomen, spricht man von **Carbocyclen.** Wenn der Ring noch ein oder mehrere Fremdatome enthält, handelt es sich um **Heterocyclen.** Besonders häufig treten 5- oder 6-gliedrige Ringe auf.

3.4 Cycloalkane, Aromaten

3.4.1 Cycloalkane

Formal lassen sich **Cycloalkane** vorstellen, indem von beiden Enden eines *n*-Alkans je ein Wasserstoffatom entfernt wird und die Enden der Kohlenstoffkette miteinander zu einem Ring verbunden werden.

Es lässt sich eine homologe Reihe der Cycloalkane bilden, deren allgemeine Summenformel lautet:

$$C_nH_{2n}$$

Das erste denkbare Cycloalkan ist das Cyclopropan, C_3H_6. Die Bindungswinkel weichen in diesem Ring allerdings deutlich vom idealen Tetraederwinkel ab, sodass der Ring stark gespannt ist: Die sp^3-Hybridisierung des Kohlenstoffatoms ist gestört. Diese Anordnung ist so ungünstig, dass sie natürlicherweise kaum auftritt.

Das bedeutendste und häufigste Cycloalkan ist **Cyclohexan,** C_6H_{12}. Hier entsprechen die Bindungswinkel dem Tetraederwinkel von 109,5°. Der Ring ist völlig spannungsfrei. Er ist allerdings nicht eben gebaut.

Am Ring können die H-Atome durch Alkylreste oder durch funktionelle Gruppen ersetzt werden. Auf diese Weise lassen sich auch cyclische Alkohole, Thiole oder Ketone bilden.

3.4.2 Aromaten

Das bestimmende Strukturelement aromatischer Verbindungen sind Kohlenstoffringe, die **konjugierte Doppelbindungen** aufweisen. Der wichtigste Vertreter der Aromaten ist das **Benzol,** C_6H_6:

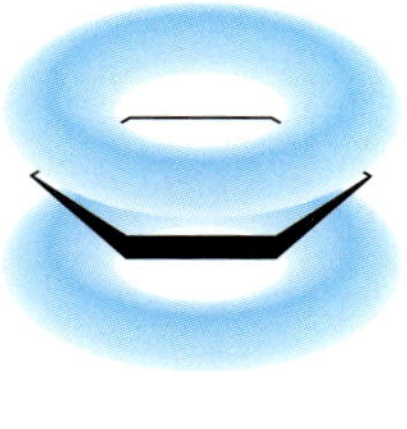

- Alle Kohlenstoffatome des Benzolrings liegen in einer Ebene und sind sp^2-hybridisiert. Die Bindungswinkel betragen 120°. Die Wasserstoffatome liegen in der gleichen Ebene wie der Kohlenstoffring.
- Die Lage der π-Bindungen kann als eine von zwei Grenzstrukturen dargestellt werden, zwischen denen die Elektronen ständig wechseln. Die π-Elektronen sind delokalisiert und bilden eine **Ladungswolke** oberhalb und unterhalb des Rings: Um die Mesomerie in der Strukturformel zu zeigen, wird anstelle der Doppelbindungen die Ladungswolke als Ring gezeichnet:

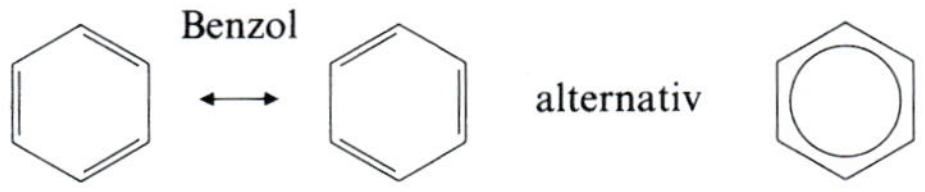

Benzol ist hydrophob, es eignet sich als apolares Lösungsmittel. Es wird in der Erdöl- und Kohleverarbeitung gewonnen. Benzol ist toxisch und kanzerogen.

Als reiner Kohlenwasserstoff kommt Benzol natürlicherweise nicht vor, der Benzolring ist aber ein Strukturelement vieler organischer Verbindungen.

- Tritt der Benzolring selbst an einem anderen Molekül als Substituent auf, wird die C_6H_5-Einheit mit „Phenyl-" benannt. Im Allgemeinen werden aromatische Reste als **Arylreste** bezeichnet.
- Bei mehreren, direkt miteinander verbundenen Benzolringen wird von **kondensierten** Kernen gesprochen. Wichtige mehrkernige Verbindungen sind Naphthalin und Anthracen:

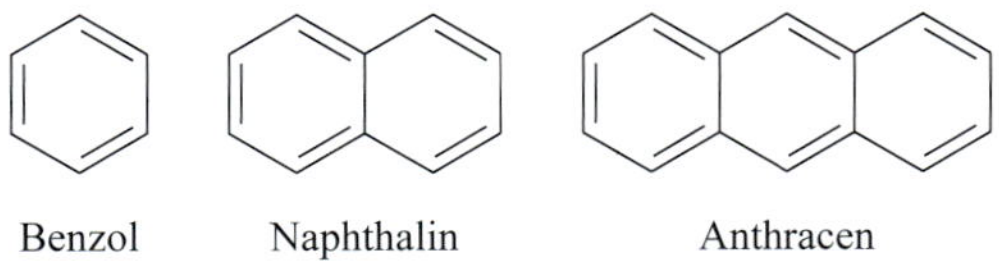

Der Benzolring wird durch die Mesomerie der π-Bindungen stabilisiert und ist eine **energetisch besonders günstige** Anordnung. Die π-Bindungen werden bei Reaktionen des Benzols deshalb nicht aufgebrochen. Es werden lediglich die Wasserstoffatome durch andere Elemente oder funktionelle Gruppen ersetzt (➤ Abb. 3.8).

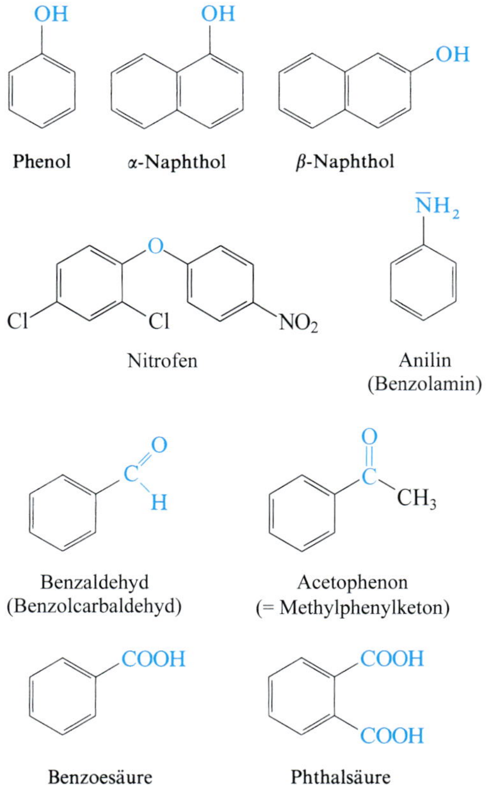

Abb. 3.8 Beispiele für aromatische Verbindungen: Alkohol (Phenol und Naphthol); Ether (Nitrofen); Amin (Anilin); Aldehyd (Benzaldehyd); Keton (Acetophenon); Carbonsäure (Benzoesäure und Phthalsäure). [L253]

Die aromatischen Alkohole werden als **Phenole** bezeichnet. Durch Anlagerung der entsprechenden funktionellen Gruppen an den Benzolring lassen sich die aromatischen Varianten der anderen in ➤ Kap. 3.2 beschriebenen Stoffgruppen ableiten.

Trägt der Benzolring zwei Substituenten, wird deren Stellung zueinander durch die Bezeichnungen **ortho** *(o)*, **meta** *(m)* und **para** *(p)* angegeben:

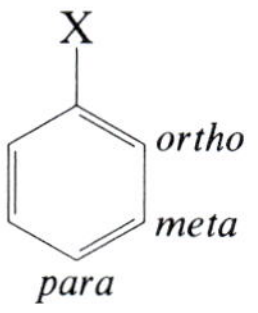

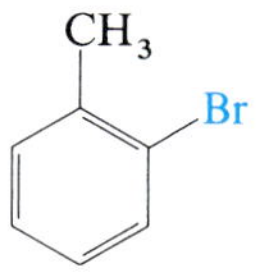

o-Bromtoluol

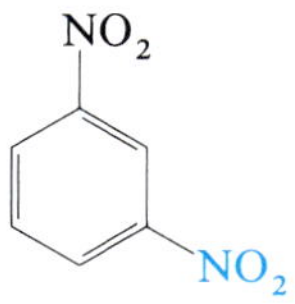

m-Dinitrobenzol

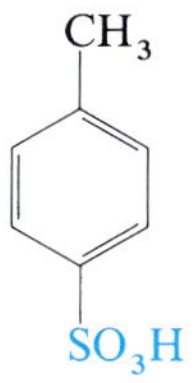

p-Toluolsulfonsäure

MERKE

Die energetisch günstigste Form liegt vor, wenn beide Substituenten in der *para*-Stellung vorliegen. Die Substituenten sind hier am weitesten voneinander entfernt. Umgekehrt entspricht dann die *ortho*-Stellung der energetisch ungünstigsten Stellung.

Bei mehr als zwei Substituenten werden die C-Atome des Rings von 1–6 nummeriert und die den Positionen entsprechenden Zahlen werden vor die Substituenten gesetzt.

Im Naphthalin sind für einen Substituenten relativ zur Verbindungsstelle beider Benzolkerne zwei Positionen möglich. Die Stellungen werden mit α und β bezeichnet. So können in ➤ Abb. 3.8 für Naphthol die Isomere α-Naphthol und β-Naphthol unterschieden werden:

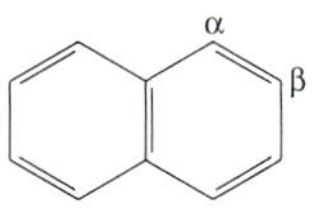

Naphthalin

3.4.3 Chinone

Aus einem zweiwertigen Phenol können durch Dehydrierung Chinone entstehen. Chinone werden als eigene Stoffgruppe klassifiziert. In einem **Chinon** sind zwei Sauerstoffatome über C=O-Doppelbindungen an einen 6-gliedrigen Kohlenstoffring gebunden. Die C=O-Doppelbindungen und die Ringstruktur sind durch konjugierte Doppelbindungen mesomeriestabilisiert. Chinone sind deshalb nur in *ortho*- (1,2-Chinon) oder *para*-Stellung (1,4-Chinon) der Sauerstoffatome möglich:

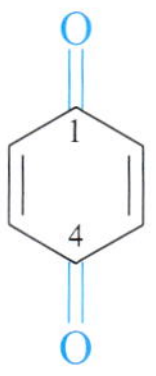

1,4-Benzochinon
(*p*-Chinon)

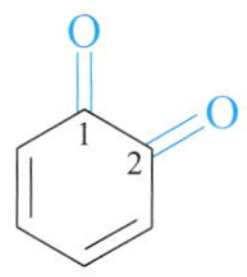

1,2-Benzochinon
(*o*-Chinon)

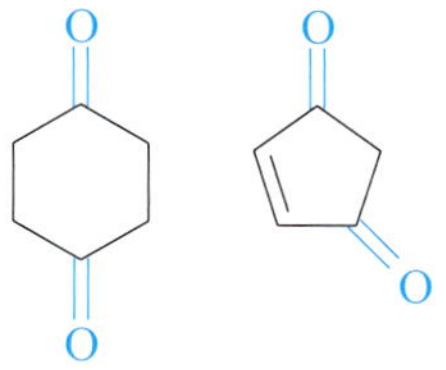

Diketone
(keine Chinone)

CHECK-UP

Weshalb ist bei Chinonen keine meta-Stellung möglich?

Jetzt bist du dran!

Überblick gewinnen

Notiere dir ca. 5 Stichwörter aus diesem Unterkapitel.

3.5 Heterocyclen

Die Ringstruktur der Heterocyclen enthält neben den C-Atomen noch ein oder mehrere **Fremdatome.** Wegen der Bindungswinkel an den Ringatomen sind nur 5- oder 6-gliedrige Ringe stabil.

Die Heterocyclen lassen sich in aromatische und aliphatische unterscheiden:

- **Aromatische** Heterocyclen zeichnen sich durch konjugierte Doppelbindungen aus.
- In **aliphatischen** Heterocyclen sind die Atome des Rings entweder nur über Einfachbindungen verknüpft oder vorhandene Doppelbindungen sind nicht konjugiert.

Heterocyclen treten als Strukturelemente zahlreicher organischer Verbindungen auf. Wegen der Stabilität eines Systems konjugierter Bindungen sind hier die aromatischen Heterocyclen häufiger zu finden.

MERKE

Wie auch bei funktionellen Gruppen und substituierten cyclischen Kohlenwasserstoffen gilt es, sich die folgenden Verbindungen so gut einzuprägen, dass du sie in einer komplexen Strukturformel erkennst. Besonders solltest du dir die Heterocyclen einprägen, die Sauerstoff oder Stickstoff enthalten. Versuche zur Übung jeweils selbst herauszufinden, welche Verbindung heteroaromatisch und welche aliphatisch ist. Helfen kann dir dabei die Hückel-Regel, die aber nur für Monocyclen gilt: Ein Ringsystem wird dann als Aromat bezeichnet, wenn es $(4n + 2)$ π-Elektronen ($n = 0, 1, 2, \ldots$) und durchgehend konjugierte Doppelbindungen besitzt.

3.5.1 5-gliedrige Heterocyclen

In **Pyrrol** ist das Heteroatom ein Stickstoff-, in **Furan** ein Sauerstoff- und in **Thiophen** ein Schwefelatom:

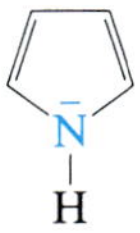

Pyrrol

Furan

Thiophen

Diese drei Verbindungen sind die kleinsten aromatischen Heterocyclen. Die beiden Doppelbindungen im 5-Ring bilden mit einem freien Elektronenpaar ein delokalisiertes System aus 6 π-Elektronen.

- Pyrrol gibt den an das Stickstoffatom gebundenen Wasserstoff leicht als Proton ab und wird dabei selbst zum Anion. Ein **Tetrapyrrolsystem** aus vier Pyrrolringen wirkt als vierzähniger Chelator (➤ Kap. 1.5.3) und tritt in dieser Form u. a. im Häm-Molekül, in Cytochrom c, Chlorophyll a und in Vitamin B_{12} auf.
- Nach dem Furan sind die **Furanosen** – d. h. Zucker mit einem 5-Ring – benannt. Im Ring der Furanosen kommen allerdings keine Doppelbindungen vor.
- Die Hydrierung beider Doppelbindungen des Pyrrols führt zum **Pyrrolidin,** einem gesättigten, aliphatischen Heterocyclus. Pyrrolidin tritt in der proteinogenen Aminosäure Prolin auf:

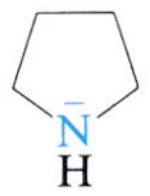

Pyrrolidin

Die Ringe von **Imidazol** und **Thiazol** weisen zwei Heteroatome auf. Bei Imidazol sind dies zwei Stickstoffatome und bei Thiazol ein Stickstoff- und ein Schwefelatom. Es handelt sich um aromatische Heterocyclen. Zusammen mit einem freien Elektronenpaar eines Heteroatoms wird wieder ein konjugiertes System gebildet:

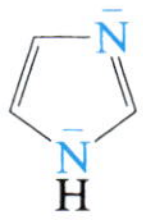

Imidazol

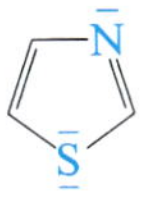

Thiazol

Imidazol kommt in der Aminosäure Histidin vor und Thiazol ist Bestandteil des Thiamins (Vitamin B_1).

3.5.2 6-gliedrige Heterocyclen

Pyran enthält als Heteroatom Sauerstoff. Die mit dem Sauerstoff verbundenen Kohlenstoffatome sind mit ihren benachbarten C-Atomen über Doppelbindungen verknüpft. Die Doppelbindungen des Pyranrings sind nicht konjugiert; Pyran ist daher kein aromatischer, sondern ein ungesättigter, aliphatischer Heterocyclus:

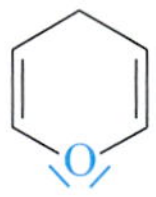

Pyran

Pyran ist namengebend für die Gruppe der **Pyranosen,** das sind 6-gliedrige Zucker. Im Ring der Pyranosen kommen aber, wie bei den Furanosen, keine Doppelbindungen vor.

Die aromatischen Heterocyclen **Pyridin** und **Pyrimidin** enthalten Stickstoff. Der Pyridinring enthält ein Stickstoffatom, der Pyrimidinring zwei Stickstoffatome in *meta*-Stellung:

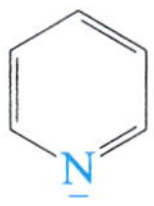

Pyridin

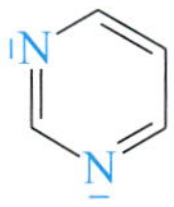

Pyrimidin

Pyrimidin ist Bestandteil der sog. Pyrimidinbasen Cytosin, Thymin und Uracil, die zu den Grundbausteinen der DNA bzw. RNA gehören.

3.5.3 Mehrkernige Heterocyclen

In mehrkernigen Heterocyclen sind die Ringe mehrerer Heterocyclen miteinander verbunden. Wichtige zweikernige Heterocyclen sind Indol und Purin:

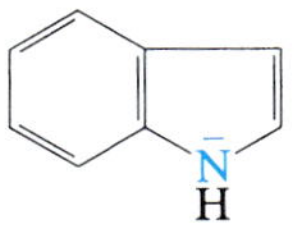

Indol

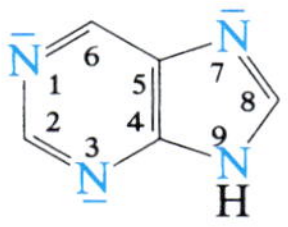

Purin

Im **Indol** sind Pyrrol und Benzol durch eine gemeinsame Seite ihrer Ringe miteinander verbunden. Indol ist in der Aminosäure Tryptophan enthalten.

Purin enthält die Heterocyclen Pyrimidin und Imidazol. Im Purinsystem werden die Ringatome in der oben gezeigten Weise nummeriert. Purin ist in den Purinbasen Adenin und Guanin enthalten, ebenfalls Grundbausteine der DNA.

CHECK-UP

Wie unterscheiden sich aromatische und aliphatische Heterocyclen?

Jetzt bist du dran!

Überblick gewinnen

Notiere dir ca. 5 Stichwörter aus diesem Unterkapitel.

Jetzt bist du dran!

Zeichenaufgabe

Zeichne in die Tabelle die jeweiligen funktionellen Gruppen oder wichtigen Verbindungen mit Strukturformel ein (z. B. R-C-OH). Kennzeichne die maßgeblichen Atome farbig.

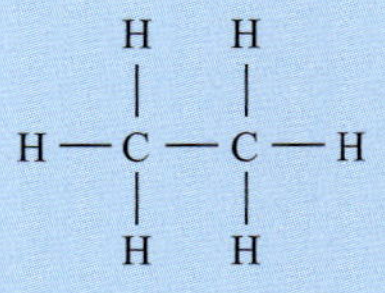 Bsp: Alkane	Alkene	Alkine
Primärer Alkohol	Sekundärer Alkohol	Tertiärer Alkohol
Primäres Amin	Sekundäres Amin	Tertiäres Amin
Aldehyd	Keton	Thiol
Thioether	Carbonsäure	

Anregungen zum weiterführenden Lernen

Ordne jeder Gruppe ein Beispielhaftes Enzym oder Molekül zu. Beispiel: Disulfidbrücke – Insulin oder Thiolgruppe – Cystein
Zeichne die Strukturformel von Alkohol.

- Welche Art von Alkohol ist Alkohol (primär, sekundär, tertiär?)
- Was entsteht bei der Oxidation der Alkoholgruppe? Zeichne das Produkt.

Zeichne die Strukturformel von Aceton. Bestimme die funktionellen Gruppen.
Zeichne die im Text benannten 5- und 6 Ringe auf bzw. die Moleküle, in denen sie vorkommen.

Überblick gewinnen

Nutze deine gesammelten Stichwörter für eine Mindmap oder eine gegliederte Stichwortliste.

KAPITEL 4

Thomas Wenisch

Stoffumwandlungen/ chemische Reaktionen

4.1 Wegweiser

Die in ➤ Kap. 3 dargestellten Verbindungen können auf unterschiedliche Weise miteinander reagieren und damit neue Substanzen bilden. Homogene Gleichgewichtsreaktionen (➤ Kap. 4.2) finden zwischen Stoffen desselben, heterogene Gleichgewichtsreaktionen (➤ Kap. 4.3) zwischen Stoffen verschiedenen Aggregatzustands statt.

Spezielle Reaktionstypen sind die Reaktionen von Säuren und Basen (➤ Kap. 4.4) sowie Redoxreaktionen (➤ Kap. 4.4).

Die Bildung von Salzen (➤ Kap. 4.5) stellt ebenfalls eine Stoffumwandlung dar, wie auch der Austausch der Liganden eines Metallkomplexes (➤ Kap. 4.6). In beiden Fällen entstehen durch die Umwandlung jeweils neue Verbindungen.

Aus der Kenntnis der Grundstruktur einer Verbindung und ihrer funktionellen Gruppen lassen sich grundsätzlich ihre verschiedenen Reaktionsmöglichkeiten ableiten. Dies wird am Beispiel der Additions- und Eliminationsreaktionen (➤ Kap. 4.7), der Substitutionsreaktionen (➤ Kap. 4.8) sowie weiteren Reaktionen von Säuren (➤ Kap. 4.9) gezeigt.

4.2 Homogene Gleichgewichtsreaktionen

4.2.1 Begriffe

Bei einer chemischen Reaktion ändern sich die chemischen und physikalischen Eigenschaften der beteiligten Stoffe. Chemische Reaktionen sind **Stoffumwandlungen,** bei denen aus den Ausgangsstoffen neue Verbindungen entstehen.

Die Reaktion lässt sich durch eine chemische Gleichung beschreiben:

$$\underset{\text{Wasserstoff}}{2\,H_2} + \underset{\text{Sauerstoff}}{O_2} \longrightarrow \underset{\text{Wasser}}{2\,H_2O} + \text{Energie}$$

Das Beispiel zeigt die sog. Knallgasreaktion, die Reaktion von gasförmigem Sauerstoff und Wasserstoff zu Wasser.

Auf der linken Seite stehen die Ausgangsstoffe, sie werden **Edukte** genannt, auf der rechten Seite die in der Reaktion gebildeten Stoffe, die **Produkte.** Der Pfeil kennzeichnet die Richtung, in die die Reaktion verläuft. Ein nicht an der Reaktion beteiligtes Lösungsmittel oder ein Katalysator wird in den Reaktionsgleichungen nicht erwähnt.

Man spricht von chemischen Gleichungen, weil bei allen chemischen Reaktionen die Menge der beteiligten Stoffe erhalten bleibt. Massen- und Ladungserhaltung werden benutzt, um den Stoffumsatz quantitativ zu beschreiben. Die notwendigen Berechnungen werden als **Stöchiometrie** bezeichnet.

Beispiel:
In einer Knallgasreaktion sollen 180 ml Wasser hergestellt werden. Welche Gasvolumina werden benötigt?

Das spezifische Gewicht von Wasser beträgt 1 g/cm^3. 180 cm^3 (ml) wiegen 180 g.

Die relative Molekülmasse von H_2O ist 1 + 1 + 16 = 18. Die Masse eines Mols H_2O ist 18 g. Die gewünschten 180 ml entsprechen daher 10 mol.

Nach der Summenformel H_2O werden 10 mol Sauerstoff (O) und 20 mol Wasserstoff (H) benötigt. Beide Stoffe kommen in der Natur aber nur als 2-atomige Gase vor. Deshalb beträgt die Stoffmenge der Edukte 5 mol O_2 und 10 mol H_2.

Mit dem Molvolumen eines idealen Gases von 22,4 l/mol unter Normalbedingungen entspricht dies 112 l gasförmigem Sauerstoff und 224 l Wasserstoff.

Daraus entstehen 224 l Wasserdampf (10 mol), die nach Abkühlung zu den gewünschten 180 ml flüssigen Wassers kondensieren.

4.2.2 Chemisches Gleichgewicht

Selten läuft eine Reaktion nur in eine Richtung ab. Im Allgemeinen ist eine Reaktion **reversibel,** sie kann in beide Richtungen ablaufen. Grafisch wird dies durch einen Doppelpfeil in der Reaktionsgleichung verdeutlicht:

$$A + B \leftrightharpoons C + D$$

In der Hinreaktion reagieren die Edukte A und B zu den Produkten C und D. Gleichzeitig läuft die Rückreaktion ab, in der sich aus C und D wieder die Ausgangsstoffe A und B bilden.

MERKE
Von außen betrachtet kommt die Reaktion zum Stehen, obwohl die Ausgangsstoffe noch nicht vollkommen verbraucht sind. Es stellt sich ein Gleichgewicht ein, bei dem sich die Konzentrationen der beteiligten Stoffe nicht mehr ändern. Es handelt sich hier aber nicht um einen statischen Zustand, in dem kein Stoffumsatz mehr stattfindet, sondern um ein **dynamisches Gleichgewicht,** bei dem pro Zeiteinheit genauso viele Produkte gebildet werden, wie auch wieder in ihre Ausgangsstoffe zurückreagieren.

Das **Massenwirkungsgesetz** (MWG) beschreibt die Konzentration der beteiligten Stoffe in der Gleichgewichtslage:

$$\frac{c_{(C)} \times c_{(D)}}{c_{(A)} \times c_{(B)}} = K \text{ oder } \frac{[C]>[D]}{[A]>[B]} = K$$

Die Schreibweise in der eckigen Klammer meint dabei die Konzentration des angegebenen Stoffs. Die dimensionslose Zahl K ist die **Gleichgewichtskonstante** der Reaktion.

- Für Werte $K > 1$ liegt das Gleichgewicht aufseiten der Produkte.
- Werte $K < 1$ beschreiben eine Gleichgewichtslage aufseiten der Edukte.

Die Lage des Gleichgewichts und damit der Wert der Gleichgewichtskonstanten sind abhängig von den Umgebungsbedingungen, wie z. B. Druck oder Temperatur. Eine äußerlich zum Stillstand gekommene Reaktion kann durch eine Änderung der Umgebungsbedingungen wieder in Gang gesetzt werden. Nach der Störung des Gleichgewichts läuft die Reaktion weiter, bis ein erneutes Gleichgewicht erreicht ist.

MERKE
Eine Reaktion lässt sich durch eine Konzentrationsänderung sowohl der Ausgangsstoffe als auch der Reaktionsprodukte beeinflussen. Wird eines der Produkte – etwa ein entweichendes Gas – fortwährend aus der Reaktion entfernt, kann ein vollständiger Stoffumsatz der Edukte zu den Produkten erreicht werden.

Als Beispiel sei die Esterbildung genannt:

$$\frac{[\text{Ester}] \cdot [H_2O]}{[\text{Carbonsäure}] \cdot [\text{Alkohol}]} = K$$

Wird das in der Reaktion gebildete Wasser entfernt, kann die Ausbeute an Estern erhöht werden.

CHECK-UP
Schreibe das Reaktionsschema der exothermen Knallgasreaktion (➤ Kap. 4.4.3) exemplarisch auf und überlege, wie sich die Lage des Gleichgewichts verändert, wenn die Temperatur oder der Druck erhöht wird. Denke daran, dass bei einer Störung des chemischen Gleichgewichts diejenige Reaktion beschleunigt abläuft, die der Störung entgegenwirkt. Das bedeutet bei Zufuhr von Wärme ein vermehrtes Ablaufen der endothermen Reaktion, ebenso wie bei Druckerhöhung diejenige Reaktion bevorzugt wird, bei der sich die Anzahl der gasförmigen Moleküle verringert.

4.2.3 Kinetik, Thermodynamik

Jede chemische Reaktion ist nicht nur mit einem Stoffumsatz verbunden, sondern auch mit einer Änderung der inneren Energie der beteiligten Reaktionspartner. Bei der zuvor als Beispiel genannten Knallgasreaktion wird Energie frei. Die energetische Betrachtung der chemischen Reaktionen wird an dieser Stelle nur kurz angesprochen.

Eine Reaktion wird **exotherm** genannt, wenn Wärme frei wird, und **endotherm,** wenn Wärme zugeführt werden muss. Die an der Reaktion beteiligten Stoffe besitzen eine innere Energie, die durch die Bindungsenergie der Moleküle bestimmt wird. Diese innere Energie wird durch die **Enthalpie** H angegeben.

Die Reaktionswärme wird durch die Enthalpieänderung ΔH zwischen Produkten und Edukten angezeigt:

- $\Delta H < 0 \rightarrow$ exotherm
- $\Delta H > 0 \rightarrow$ endotherm

Um zu beschreiben, ob eine Reaktion freiwillig abläuft, wird die **freie Reaktionsenthalpie** ΔG (auch: Gibbs' freie Energie oder freie Enthalpie) eingeführt. Sie wird durch die **Gibbs-Helmholtz-Gleichung** definiert:

$$\Delta G = \Delta H - T \cdot \Delta S$$

(ΔG = freie Enthalpie, H = Enthalpie, T = Temperatur, S = Entropie).

Eine Reaktion, die freiwillig abläuft, wird als **exergon** bezeichnet, im anderen Fall als **endergon.** Es gilt:

- $\Delta G < 0 \rightarrow$ exergon
- $\Delta G > 0 \rightarrow$ endergon

MERKE
Die freie Reaktionsenthalpie ΔG kann auch als **Triebkraft** einer Reaktion bezeichnet werden. ΔG ist unter anderem abhängig von der Konzentration der an der Reaktion beteiligten Stoffe. Im Verlauf der Reaktion nimmt die Triebkraft stetig ab. Ist das chemische Gleichgewicht erreicht, wird $\Delta G = 0$.

Auch exergone Reaktionen starten häufig nicht selbsttätig oder laufen nur sehr langsam ab.

Um einen nennenswerten Reaktionsumsatz zu erreichen, ist ein **Katalysator** nötig. Ein Katalysator initiiert oder beschleunigt eine Reaktion, ohne selbst durch die Reaktion verändert zu werden. Im Stoffwechsel fungieren die **Enzyme** als Katalysatoren.

4.2.4 Gekoppelte Reaktionen

In einer gekoppelten Reaktion wandeln sich die Produkte einer ersten Teilreaktion in einem zweiten Reaktionsschritt zum Endprodukt um:

1. Reaktion:

$$\frac{[C] \cdot [D]}{[A] \cdot [B]} = K_1$$

$A + B \leftrightharpoons C + D$

2. Reaktion:

$$\frac{[E] \cdot [F]}{[C] \cdot [D]} = K_2$$

$C + D \leftrightharpoons E + F$

Gesamtreaktion:

$A + B \leftrightharpoons E + F$

Die Multiplikation der Massenwirkungsgesetze der Teilreaktionen ergibt:

$$\frac{[C] \cdot [D]}{[A] \cdot [B]} \cdot \frac{[E] \cdot [F]}{[C] \cdot [D]} = K_1 \cdot K_2$$

Die Konzentrationen der Zwischenprodukte kürzen sich heraus und das Gleichgewicht der Gesamtreaktion liegt bei:

$$\frac{[E] \cdot [F]}{[A] \cdot [B]} = K$$

mit $K = K_1 \cdot K_2$

Die Reaktionen sind auch **energetisch gekoppelt.** In vielen biochemischen Reaktionen liefert der erste exergone Teilschritt die notwendige Energie für eine nachfolgende endergone Reaktion.

CHECK-UP
Welche Größe wird auch als Triebkraft einer chemischen Reaktion bezeichnet und welchen Wert hat sie im Gleichgewicht der Reaktion?

Jetzt bist du dran!

Überblick gewinnen

Notiere dir ca. 5 Stichwörter aus diesem Unterkapitel.

4.3 Heterogene Gleichgewichtsreaktionen

4.3.1 Begriffe

Wichtige Begriffe zur Einteilung der Stoffgemische sind:

- **(Echte) Lösung:** Teilchen in einer Flüssigkeit, Teilchengröße < 3 nm (molekular dispers)
- **Kolloidale Lösung:** Teilchengröße 3–200 nm (kolloid dispers)
- **Suspension:** Teilchen > 200 nm (grob dispers)
- **Emulsion:** Öl- oder Fetttröpfchen in Wasser
- **Aerosol:** kleine Partikel oder Flüssigkeitströpfchen in einem Gas

Lösungen sind Stoffgemische, die entstehen, wenn ein fester, flüssiger oder gasförmiger Stoff in einem flüssigen Lösungsmittel gelöst wird. Die **Konzentration** einer Lösung kann

- als Massenkonzentration angegeben werden in Gramm pro Liter (g/l) oder als
- Stoffmengenkonzentration in Mol pro Liter (mol/l). Die Stoffmengenkonzentration wird als **Molarität** bezeichnet. Eine Lösung der Konzentration 1 Mol pro Liter ist 1-molar, kurz 1 m.
- Häufig werden Konzentrationen auch in Prozent angegeben. Der Prozentwert gibt die Masse des in 100 g Lösungsmittel gelösten Stoffs an. Für wässrige Lösungen ist dies gleichbedeutend mit der Angabe Gramm pro 100 ml.

Beispiel:

Eine 0,9-prozentige Kochsalzlösung wird physiologische Kochsalzlösung genannt, weil dieser Wert der Konzentration im Plasma entspricht. Welche Molarität hat die Lösung?

$$0{,}9\,\% = \frac{0{,}9\,\text{g}}{100\,\text{ml}} = 9\,\frac{\text{g}}{\text{L}}$$

Die Molmasse von NaCl beträgt 22,99 g/mol + 35,45 g/mol = 58,44 g/mol.

$$\frac{9\,\text{g/L}}{58{,}44\,\text{g/mol}} = 0{,}15\,\text{mol/L} = 0{,}15\,\text{M}$$

Die Lösung ist 0,15 molar.

CHECK-UP

Du solltest darin geübt sein, Massen- (g/l) und Stoffmengenkonzentration (mol/l) ineinander umzurechnen. Folgende einfache Formel dient dabei als Verbindungsglied zwischen Masse *m* und Stoffmenge *n:*

$$n = \frac{m}{M}$$

wobei *M* die Molmasse des Moleküls in g/mol bezeichnet.

Jede Lösung kann nur eine bestimmte Stoffmenge aufnehmen. Dieses Maximum ist spezifisch für jede Kombination aus Lösungsmittel und zu lösendem Stoff und ist abhängig von der Temperatur. Eine Flüssigkeit kann mit steigender Temperatur eine größere Menge eines Feststoffs aufnehmen.

- Eine **gesättigte** Lösung hat die maximal mögliche Substanzmenge aufgenommen. Beispielsweise beträgt die Sättigungskonzentration für Kochsalz in Wasser 358 g/l bei 20 °C.
- Die Lösung wird **übersättigt,** wenn die Konzentration weiter erhöht oder die Lösung abgekühlt wird, denn dann nimmt die Sättigungskonzentration ab. Aus einer übersättigten Lösung fällt der gelöste Stoff aus und bildet einen festen Bodensatz. In diesem heterogenen System aus Festkörper und Lösung stellt sich ein Gleichgewicht ein. Es gehen aus dem Feststoff pro Zeiteinheit genauso viele Teilchen in Lösung, wie aus der Lösung wieder ausfallen.

MERKE

Die Aufnahmefähigkeit einer Lösung ist temperaturabhängig!

Ein **heterogenes Gleichgewicht** liegt vor, wenn sich ein Stoff auf mehrere Phasen verteilt und sich an seiner Verteilung nichts mehr ändert.

4.3.2 Verteilung von Stoffen im Gleichgewicht

Gesetz von Henry Dalton

Gase können von Flüssigkeiten aufgenommen werden, ohne chemisch verändert zu werden. Das Gas löst sich in der Flüssigkeit. Wenn die Sättigungskonzentration überschritten wird, bilden sich Gasblasen: Das Gas beginnt auszuperlen. Das Verhältnis der Sättigungskonzentration des gelösten Gases [A] in der Flüssigkeit zum Partialdruck des Gases P_A über der Flüssigkeit ist konstant:

$$\frac{[A]}{P_A} = K$$

(Henry-Dalton-Gesetz)

Der Wert der Konstanten *K* hängt von der Stoffkombination und der Temperatur ab. Die Löslichkeit eines Gases nimmt mit steigendem Druck zu, mit steigender Temperatur nimmt sie dagegen ab.

In Wasser lösen sich bei 20 °C und 1013 hPa 434 mg O_2 oder 1690 mg CO_2.

KLINIK

Die Löslichkeit von Gasen ist beim **Tauchen** von Bedeutung. Unter dem erhöhten Umgebungsdruck löst sich eine größere Gasmenge in den Körpergeweben. Die Druckentlastung beim Auftauchen muss langsam und mit Pausen erfolgen, damit keine Übersättigung auftritt und sich keine Gasblasen bilden.

Nernst-Verteilungssatz

Zwei verschiedene Lösungsmittel, die sich nicht vollständig ineinander lösen bzw. sich nicht vermischen, bilden zwei voneinander getrennte flüssige Phasen.

Ein in beiden Lösungsmitteln löslicher Stoff A verteilt sich in beiden Phasen. An der Phasengrenze tritt er von einem in das andere Lösungsmittel über. Es stellt sich ein Gleichgewicht ein, das beschrieben wird durch:

$$\frac{[A]_{Oberphase}}{[A]_{Unterphase}} = K$$

(Nernst-Verteilungssatz)

Die Verteilung auf zwei Phasen kann zur **Stofftrennung** ausgenutzt werden. Als Beispiel wird angenommen, zwei Stoffe A und B seien in Wasser gelöst. Es wird Diethylether zugegeben. A sei in beiden Lösungsmitteln lösbar, B löse sich im Ether nicht oder nur schlecht.

Durch „Verschütteln" wird das System durchmischt. Danach bilden Wasser und Diethylether wieder zwei getrennte flüssige Phasen. A ist z. T. auch in den Ether übergegangen, B praktisch nicht. Die Etherphase wird nun entfernt und durch frischen Diethylether ersetzt. Der Vorgang wird mehrfach wiederholt und so wird A schrittweise aus der wässrigen Lösung von A und B extrahiert.

4.3.3 Oberflächenprozesse

An Oberflächen und Membranen werden verschiedene Vorgänge beobachtet, bei denen sich nach einiger Zeit ein Gleichgewicht einstellt.

Adsorption

Adsorption bezeichnet die Bindung eines Stoffs an eine feste Oberfläche. Das feste Material, das Flüssigkeiten oder Gase aufnimmt, nennt man **Adsorbens** (Plural: Adsorbenzien).

Die Menge der gebundenen Substanz hängt von der Art des Adsorbens, seiner Oberfläche, der Temperatur und dem aufzunehmenden Stoff ab. In der Regel sinkt die Aufnahmefähigkeit eines Adsorbens mit steigender Temperatur.

Zwischen neu an das Adsorbens gebundenen und sich wieder lösenden Teilchen stellt sich ein Gleichgewicht ein.

Häufig verwendete Adsorbenzien sind Aktivkohle und Kieselgel. Das Adsorbermaterial wird zu einem möglichst feinen Granulat zermahlen, um seine Oberfläche zu vergrößern.

MERKE

Das Analyse- und Trennverfahren der **Chromatografie** beruht auf dem Prinzip der Adsorption. Die zu untersuchende Probe wird an einen Träger gebunden. In der Flüssigkeitschromatografie wird die Probe mit einem Elutionsmittel herausgespült. Dabei lösen sich aus einem Stoffgemisch zuerst die am schwächsten gebundenen Substanzen. Auf diese Weise lässt sich das Gemisch auftrennen.

Osmose

In einer Flüssigkeit sind die gelösten Teilchen frei beweglich. Sie bewegen sich vom Ort höherer Konzentration zum Ort niedrigerer Konzentration. Es findet ein Konzentrationsausgleich durch **Diffusion** statt.

Wenn der Flüssigkeitsraum durch eine semipermeable Membran getrennt wird, die durchlässig ist für die Moleküle des Lösungsmittels, aber undurchlässig für den gelösten Stoff, ist diese Art des Konzentrationsausgleichs unterbunden. Die Konzentration wird nun ausgeglichen, indem das Lösungsmittel vom Bereich niedrigerer Konzentration durch die Membran in den Bereich höherer Konzentration strömt. Dieser Vorgang wird als **Osmose** bezeichnet. Zwischen beiden Kompartimenten bildet sich eine Druckdifferenz, der osmotische Druck P_{osm}:

$$P_{osm} = [A] \cdot R \cdot T$$

[A] ist die Konzentration des gelösten Stoffs, R die Gaskonstante ($R = 8{,}31\ J \cdot mol^{-1} \cdot K^{-1}$) und T die Temperatur. Der osmotische Druck hängt nicht von der Art des gelösten Stoffs, sondern nur von der Teilchenzahl ab. Bei Ionenverbindungen ist das Dissoziationsverhalten zu berücksichtigen. Ein Salzmolekül dissoziiert in zwei oder mehrere Ionen.

MERKE

Diese Formel sowie ihre Bedeutung kann man sich leicht mit folgendem englischen Satz merken: „**P**articles **a**ren't **r**unning **t**hrough."

KLINIK

In der Physiologie und Medizin werden Lösungen nach ihrem osmotischen Verhalten eingeteilt in:

- **Hypoton:** Die Konzentration osmotisch wirksamer Teilchen ist geringer als in den Körperzellen.
- **Isoton:** Der osmotische Druck ist gleich dem in der Zelle.
- **Hyperton:** Die Teilchenkonzentration und damit der osmotische Druck sind höher als in den Zellen des Organismus.

Dialyse

In der Dialyse sind zwei Flüssigkeiten durch eine **semipermeable Membran** mit einem Porendurchmesser von etwa 10 nm getrennt. Die Membran ist durchlässig für niedermolekulare Stoffe wie Salze; größere Moleküle wie Proteine werden zurückgehalten. Wird auf der anderen Seite der Membran die Spülflüssigkeit fortwährend erneuert, können Salze und andere niedermolekulare Stoffe nahezu vollständig extrahiert werden.

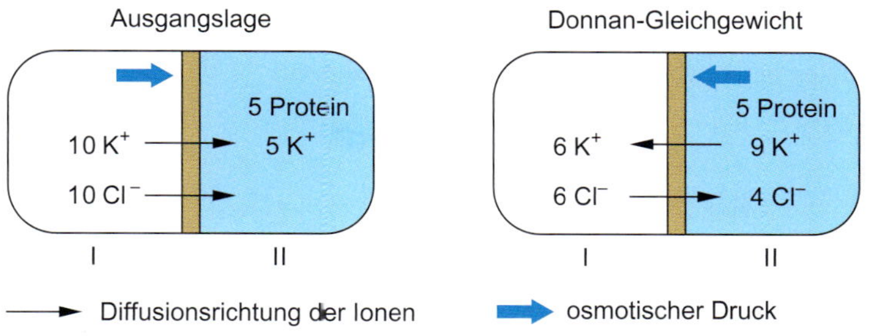

Abb. 4.1 Einstellung des Donnan-Gleichgewichts an einer semipermeablen Membran [L253]

KLINIK
In der Medizin ist die **Hämodialyse** (Blutwäsche) bei Niereninsuffizienz unverzichtbar. Das Blut des Patienten fließt aus einer Arterie in das Dialysegerät und wird von dort in eine Vene zurückgeleitet. Die Schläuche im Inneren des Geräts besitzen kleine Poren und fungieren somit als semipermeable Membran. Aus dem Blut treten niedermolekulare Verbindungen in die Dialyseflüssigkeit über. Zellulare Bestandteile und Plasmaproteine werden zurückgehalten.

Donnan-Gleichgewicht

Neben einem Konzentrationsausgleich ist ein System auch bestrebt, einen Ausgleich der elektrischen Ladungen zu erreichen. Dies sei am Beispiel in ➤ Abb. 4.1 verdeutlicht. Zwei Bereiche eines Lösungsmittels sind durch eine semipermeable Membran getrennt. Auf der einen Seite ist ein Salz gelöst, dessen Ionen die Membran passieren können, auf der anderen Seite das Salz eines Proteins, für dessen Anionen die Membran undurchlässig ist.

Zunächst diffundieren Cl^--Ionen von Bereich I nach II. K^+-Ionen folgen ihnen nach, um die Elektroneutralität zu erhalten. Das **Donnan-Gleichgewicht** ist erreicht, wenn das Produkt der Konzentrationen von wanderungsfähigen Ionen auf beiden Seiten der Membran gleich ist:

$$[K^+]_I \cdot [Cl^-]_I = [K^+]_{II} \cdot [Cl^-]_{II}$$

Im Beispiel von ➤ Abb. 4.1: $6 \cdot 6 = 9 \cdot 4$. Im Donnan-Gleichgewicht herrscht Elektroneutralität. Allerdings stimmt jetzt die Teilchenzahl auf beiden Seiten der Membran nicht überein. Der Zustand ist nicht stabil. Das osmotische Ungleichgewicht führt jetzt dazu, dass einige K^+-Ionen den Bereich II wieder verlassen. Es entsteht eine Potenzialdifferenz, das **Donnan-Potenzial.**

Auf diese Weise baut sich an der Zellmembran lebender Zellen ein **Membranpotenzial** auf.

Jetzt bist du dran!

Überblick gewinnen

Notiere dir ca. 5 Stichwörter aus diesem Unterkapitel.

4.4 Redoxreaktionen

4.4.1 Definitionen und Grundlagen

Oxidation und Reduktion

Im ursprünglichen Wortsinn bedeutet Oxidation eine Reaktion mit Sauerstoff. Eisen rostet, wenn es mit Sauerstoff zu Eisenoxid reagiert:

$$4Fe + 3O_2 \rightarrow 2Fe_2O_3 \text{ (Eisen[III] – Oxid)}$$

Heute wird der Begriff der Oxidation umfassender gebraucht, auch für Reaktionen, an denen kein Sauerstoff beteiligt ist.

Oxidation und Reduktion beschreiben Elektronenübergänge:

- Oxidation bedeutet Elektronenabgabe.
- Reduktion bedeutet Elektronenaufnahme.

Die Gesamtladung bleibt bei Stoffumwandlungen erhalten. Elektronen, die ein Reaktionspartner aufnimmt, müssen von einem anderen abgegeben werden. Die Vorgänge Oxidation und Reduktion laufen daher stets nebeneinander ab. Chemische Reaktionen sind **Redoxreaktionen.**

Bei der Bildung von Kochsalz gibt Natrium Elektronen ab, die vom Chlor aufgenommen werden:

$$2Na + Cl_2 \rightarrow 2NaCl$$

In diesem Fall wird Natrium oxidiert und Chlor wird reduziert. In der Reaktion ist Chlor das Oxidationsmittel und Natrium das Reduktionsmittel. Grafisch lassen sich die Vorgänge Oxidation und Reduktion darstellen als:

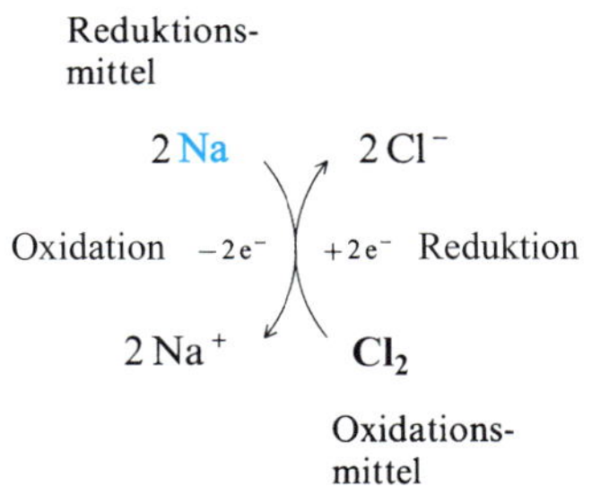

MERKE
- Das **Oxidationsmittel** ist der Elektronenakzeptor, es wird selbst reduziert.
- Das **Reduktionsmittel** ist der Elektronendonator, es wird selbst oxidiert.

Bei der Bildung von Ionenbindungen werden tatsächlich Elektronen von einem Atom auf ein anderes übertragen. Aber auch das

Eingehen oder Lösen kovalenter Bindungen wird formal als Redoxreaktion beschrieben, z. B. für die Knallgasreaktion:

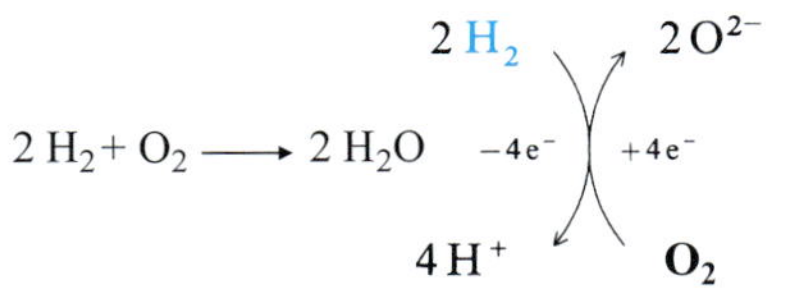

Der Sauerstoff wird in dieser Reaktion reduziert.

MERKE

In vielen organischen Reaktionen wird Wasserstoff aufgenommen oder abgegeben.

- Eine **Hydrierung** ist die Anlagerung von Wasserstoff, es handelt sich dabei um eine Reduktion.
- Das Abspalten von Wasserstoff, die **Dehydrierung,** ist eine Oxidation.

(Diese Prozesse bitte nicht mit der Hydratisierung/Dehydratisierung verwechseln!)

Oxidationszahlen

Zum Aufstellen von Reaktionsgleichungen und deren stöchiometrischer Bilanzierung wird eine formale Hilfsgröße eingeführt, die **Oxidationsstufe.** Sie wird durch ganze Zahlen angegeben, die sog. Oxidationszahlen. Jedem Reaktionspartner und jedem Baustein eines Moleküls lässt sich eine Oxidationsstufe zuordnen. Die Oxidationszahl wird als kleine Ziffer über dem Elementsymbol notiert (➤ Abb. 4.2).

Die **Oxidationszahlen** werden nach folgenden Regeln bestimmt:

- Reine Elemente erhalten stets die Oxidationsstufe 0.
- Für einfache Ionen entspricht die Oxidationsstufe der Ionenladung.
- In komplexen Ionen ergibt die Summe der Oxidationszahlen der einzelnen Bausteine die Gesamtladung des Ions.
- Für Moleküle addieren sich die Oxidationszahlen zu 0.

Einige Stoffe treten immer in bekannten Oxidationsstufen auf. Für Moleküle und komplexe Ionen werden diese zuerst zugeordnet und dann die Oxidationszahlen der Bindungspartner ermittelt.

Sauerstoff hat meist die Oxidationsstufe −2, Wasserstoff +1. Die Alkalimetalle erhalten die Oxidationszahl +1, die Halogene −1.

Von dieser Regel existieren nur wenige, überschaubare Ausnahmen: Die Oxidationsstufen der Metalle sind immer positiv, daher enthält Wasserstoff in Hydriden, der Verbindung von Metall und Wasserstoff, die Oxidationsstufe −1, z. B. in Natriumhydrid, NaH. Sauerstoff besitzt in Peroxiden nur die Oxidationsstufe −1, so z. B. in Wasserstoffperoxid, H_2O_2.

Elemente: (Oxidationsstufe 0)	$\overset{0}{H_2}$, $\overset{0}{O_2}$, $\overset{0}{Cl_2}$, $\overset{0}{Na}$, $\overset{0}{Zn}$
Einfache Ionen: (Oxidationsstufe = Ladung)	$\overset{+1}{Na^+}$, $\overset{-1}{Cl^-}$, $\overset{+2}{Zn^{2+}}$, $\overset{+2}{Fe^{2+}}$, $\overset{+3}{Fe^{3+}}$
Komplexe Ionen:	$\overset{-3}{N}H_4^+$, $\overset{+5}{N}O_3^-$, $\overset{+6}{S}O_4^{2-}$, $H\overset{+5}{P}O_4^{2-}$, $\overset{+7}{Mn}O_4^-$
Moleküle:	$\overset{-3}{N}H_3$, $N\overset{-2}{O}$, $\overset{-4}{C}H_4$, $\overset{-2}{C}H_3OH$, $\overset{+4}{C}O_2$

Abb. 4.2 Beispiele für Oxidationszahlen von Elementen, in Ionen und in Molekülen [L253]

MERKE

- Bei einer Oxidation wird die Oxidationszahl erhöht.
- Bei einer Reduktion wird die Oxidationszahl erniedrigt.

Redoxgleichungen

Eine chemische Reaktion wird durch eine chemische Gleichung dargestellt. Es ist nicht immer einfach, aus der Gesamtgleichung zu ersehen, welche Vorgänge bei der Reaktion ablaufen. Es ist auch keine leichte Aufgabe, bei grundsätzlich bekannter Reaktion die Gleichung richtig bilanziert aufzustellen.

Hier erweist sich die Aufstellung von **Redoxgleichungen** als praktisches Hilfsmittel. Indem Oxidation und Reduktion zunächst getrennt dargestellt werden, wird die Richtung des Elektronenflusses verdeutlicht und die stöchiometrische Bilanzierung erleichtert. Es wird in vier Schritten vorgegangen:

A. Die Formeln für Produkte und Edukte werden notiert und die Oxidationsstufen bestimmt.

B. Die Änderungen der Oxidationsstufen zeigen, welches Produkt oxidiert (Oxidationsstufe erhöht) und welches Produkt reduziert wurde (Oxidationsstufe erniedrigt). Die Teilreaktionen für Oxidation und Reduktion werden notiert. Die zur Änderung der Oxidationsstufen benötigten Elektronen werden in die Gleichungen aufgenommen. Anschließend muss noch mit H^+ bzw. OH^- die Ladung in den Teilgleichungen ausgeglichen werden, je nachdem, ob die Reaktion im Sauren oder im Alkalischen stattfindet. Falls erforderlich, werden die Gleichungen so mit ganzen Zahlen multipliziert, dass in beiden Teilreaktionen die gleiche Anzahl von Elektronen übertragen wird.

C. Die Teilreaktionen werden zur Gesamtreaktion zusammengefasst.

D. Bestandteile, die nicht an der Redoxreaktion teilgenommen haben, werden hinzugefügt. Ionen werden zu Salzen vervollständigt. Die Bilanz wird überprüft und, falls notwendig, ergänzt. Es liegt nun die vollständige Reaktionsgleichung vor.

Beispiel:

Zink reagiert mit Salzsäure zu Zink(II)-chlorid und Wasserstoff.

A. Edukte: $\overset{0}{Zn}$, $\overset{+1}{H}\overset{-1}{Cl}$, Produkte: $\overset{+2}{Zn}\overset{-1}{Cl_2}$, $\overset{0}{H_2}$

B. Zink wird oxidiert: $Zn \rightarrow Zn^{2+} + 2\,e^-$, Wasserstoff wird reduziert: $2\,H^+ + 2\,e^- \rightarrow H_2$

C. Gesamtreaktion: $Zn + 2\,H^+ \rightarrow Zn^{2+} + H_2$

D. Die Oxidationsstufe des Chlors blieb unverändert. Es hat an der Redoxreaktion nicht teilgenommen. Die Reaktion wird um das Chlor ergänzt zur vollständigen Reaktionsgleichung: $Zn + 2\,HCl \rightarrow ZnCl_2 + H_2$.

Kaliumpermanganat ist ein bekanntes und starkes Oxidationsmittel. Es oxidiert das Chlorid-Ion der Salzsäure:

$a\,KMnO_4 + b\,HCl \rightarrow c\,MnCl_2 + d\,Cl_2 + e\,KCl + f\,H_2O$

Die Gleichung soll bilanziert werden. Es müssen die Koeffizienten *a–f* bestimmt werden.

A. Edukte: $\overset{+1}{K}\overset{+7}{Mn}\overset{-2}{O_4}$, $\overset{+1}{H}\overset{-1}{Cl}$, Produkte: $\overset{+2}{Mn}\overset{-1}{Cl_2}$, $\overset{0}{Cl_2}$, $\overset{+1}{K}\overset{-1}{Cl}$, $\overset{+1}{H_2}\overset{-2}{O}$

B. Der Elektronenfluss erfolgt vom Chlor auf das Mangan; Mangan wird reduziert: $MnO_4^- + 5\,e^- + 8\,H^+ \rightarrow Mn^{2+} + 4\,H_2O$
Chlor wird oxidiert: $5\,Cl^- \rightarrow 5\,Cl + 5\,e^-$
Chlor wird als 2-atomiges Gas freigesetzt. Deshalb muss eine gerade Zahl von Chloratomen vorliegen. Die Gleichungen werden mit dem Faktor 2 erweitert:

$2\,MnO_4^- + 10\,e^- + 16\,H^+ \rightarrow 2\,Mn^{2+} + 8\,H_2O$
$10\,Cl^- \rightarrow 10\,Cl + 10\,e^-$

C. Gesamtreaktion:
$2\,MnO_4^- + 16\,H^+ + 10\,Cl^- \rightarrow 2\,Mn^{2+} + 5\,Cl_2 + 8\,H_2O$

D. Das nicht an der Reaktion beteiligte Kalium wird ergänzt. Die Bilanz wird durch Hinzufügen von 6 Cl ausgeglichen, die die Metallionen zu Salzen vervollständigen.

Vollständige Reaktionsgleichung:
$2\,KMnO_4 + 16\,HCl \rightarrow 2\,MnCl_2 + 5\,Cl_2 + 2\,KCl + 8\,H_2O$
In der Reaktion werden nur 10 der 16 Cl^--Ionen oxidiert.

MERKE
Oft wird man in Prüfungsfragen aufgefordert, zu erkennen, welche der abgebildeten Reaktionsgleichungen eine Redoxgleichung ist. Dies lässt sich schnell durch Berechnen der jeweiligen Oxidationszahlen lösen. Bei den korrelierenden Edukten und Produkten, bei denen sich die Oxidationszahl ändert, liegt eine Redoxgleichung vor.

4.4.2 Elektrochemische Zellen

Halbzelle und elektrochemische Zelle

Eine elektrochemische Zelle ist eine Anordnung, in der zwei Elektroden in eine Lösung eines Elektrolyten eintauchen und sich durch chemische Reaktionen eine **elektrische Potenzialdifferenz** zwischen den Elektroden aufbaut. In diesem Sinne ist jedes galvanische Element, d. h. jede Batterie, eine elektrochemische Zelle.

An den **Elektroden** findet eine Oxidation oder eine Reduktion statt:

- Wenn sich Metallionen an einer Elektrode abscheiden, nehmen sie an der Elektrode Elektronen auf, um ihre Ladung auszugleichen. Sie werden reduziert.
- Ionen, die von der Elektrode in Lösung gehen, tun dies als Kationen. Sie lassen Elektronen an der Elektrode zurück, d. h. sie werden oxidiert.

Als Beispiel sei ein Zinkblech angeführt, das in eine Kupfersulfatlösung eintaucht. Kupfer schlägt sich auf dem Blech nieder, Zinkionen gehen in Lösung. Hier findet eine Redoxreaktion statt:

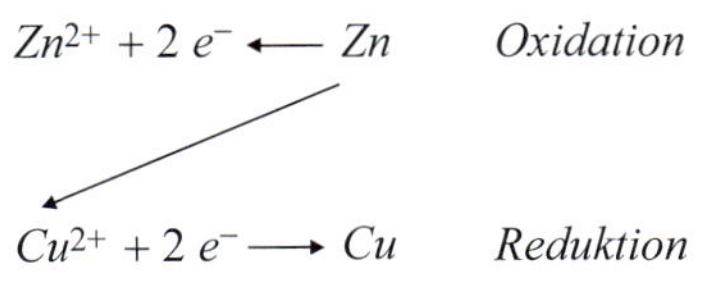

Elektronen gehen vom Zink auf das Kupfer über. Jeweils links ist die oxidierte Form, entsprechend rechts die reduzierte Form dargestellt. Für Oxidation und Reduktion verlaufen die Reaktionspfeile entgegengesetzt.

Würde umgekehrt ein Kupferblech in eine Zinksulfatlösung getaucht, fände keine Reaktion statt. Die Redoxreaktion läuft nur in einer Richtung freiwillig ab. Darauf wird weiter unten nochmals eingegangen.

Zwischen einer Elektrode und einem umgebenden Elektrolyten, der die Kationen des Elektrodenmaterials enthält, bildet sich ein elektrisches Potenzial aus. Das Potenzial einer solchen **Halbzelle** kann aber nicht gemessen werden.

Eine Spannung kann nur zwischen zwei Punkten gemessen werden, dazu sind zwei Elektroden notwendig. Zwei Halbzellen werden daher zu einer **elektrochemischen Zelle** verbunden. Es tauchen nun zwei Elektroden in den Elektrolyten ein. In der elektrochemischen Zelle sind die Reaktionen an beiden Elektroden räumlich getrennt. Dies geschieht, indem zwischen beiden Halbzellen eine Membran gesetzt wird, die nur für die Anionen des Elektrolyten durchlässig ist.

MERKE
Das Prinzip und die Abläufe in der elektrochemischen Zelle werden regelmäßig in Examen gefragt.

Elektrochemische Spannungsreihe

Die gemessene Spannung hängt von den Materialien beider Elektroden ab.

Als Referenz wurde eine Bezugselektrode festgelegt. Dies ist die **Normalwasserstoffelektrode,** ein mit Wasserstoffgas umspültes Platinblech. Die Messbedingungen sind wie folgt festgelegt:

- Die Elektrode taucht in 1 **n** Säurelösung (pH = 0) ein.
- Die Wasserstoffbegasung erfolgt mit einem Druck von 1013 hPa.
- Die Temperatur beträgt 25 °C (298 K).

An der Elektrode läuft die Teilreaktion ab:

$$2H_3O^+ + 2e^- \rightarrow H_2 + 2H_2O$$

Das Potenzial dieses Systems wird willkürlich als **Standardpotenzial** gleich 0,00 V gesetzt.

Die zweite Elektrode wird durch ein anderes Redoxsystem gebildet. Unter den festgelegten Bedingungen wird dessen **Normalpotenzial** E^0 in Bezug auf die Wasserstoffelektrode gemessen.

Nach ihrem Normalpotenzial lassen sich alle Redoxpaare in einer **Spannungsreihe** anordnen (➤ Abb. 4.3). Wenn in einem äußeren Draht, der beide Elektroden verbindet, Elektronen zur Normalelektrode hinfließen, ist das Potenzial gegenüber dieser negativ. Wird ein positives Potenzial gemessen, gibt die Wasserstoffelektrode Elektronen ab.

MERKE
Die Redoxpaare sind in der **Spannungsreihe** aufsteigend nach ihren Normalpotenzialen geordnet. Von oben nach unten nimmt das Oxidationsvermögen zu, die Reduktionskraft wird dementsprechend geringer. Ein Stoff kann einen anderen, der in der Spannungsreihe über ihm steht, oxidieren, aber nicht umgekehrt. Freiwillig laufen nur Redoxreaktionen ab, bei denen die Elektronen „von oben nach unten" fließen.

Vor diesem Hintergrund wird auch die Richtung der Redoxreaktion im zuvor genannten Beispiel verständlich. Kupfer steht in der Spannungsreihe unterhalb von Zink (➤ Abb. 4.3). Kupfer kann Zink oxidieren, d. h. diesem Elektronen entziehen. In umgekehrter Richtung läuft die Reaktion freiwillig nicht ab.

Die Spannung der elektrochemischen Zelle ergibt sich aus der Differenz der Elektrodenpotenziale. Eine Zink-Kupfer-Batterie hat demnach eine Spannung von:

$$U = \Delta E = E^0_{Cu} - E^0 Zn = 0{,}35\,V - (-0{,}76\,V) = 1{,}11\,V$$

Die **freie Enthalpie** ΔG gibt die in der Redoxreaktion freigesetzte Energie an:

$$\Delta G = -z \cdot e \cdot N_A \cdot \Delta E$$

	Ox			Red		E^0 (Volt)
geringe Oxidationskraft					hohe Reduktionskraft	
	Na^+	+ e^-	⇌	Na		−2,71
	Mg^{2+}	+ 2 e^-	⇌	Mg		−2,40
	Zn^{2+}	+ 2 e^-	⇌	Zn		−0,76
	Fe^{2+}	+ 2 e^-	⇌	Fe		−0,44
	2 H_3O^+	+ 2 e^-	⇌	H_2 + 2 H_2O		0,00
	Cu^{2+}	+ 2 e^-	⇌	Cu		+0,35
	I_2	+ 2 e^-	⇌	2 I^-		+0,58
	Chinon + 2 H_2O^+	+ 2 e^-	⇌	Hydrochinon + 2 H_2O		+0,70
	Fe^{3+}	+ e^-	⇌	Fe^{2+}		+0,77
	Ag^+	+ e^-	⇌	Ag		+0,81
	Hg^{2+}	+ 2 e^-	⇌	Hg		+0,86
	O_2 + 4 H_3O^+	+ 4 e^-	⇌	2 H_2O + 4 H_2O		+1,24
	Cl_2	+ 2 e^-	⇌	2 Cl^-		+1,36
	F_2	+ 2 e^-	⇌	2 F^-		+2,86
hohe Oxidationskraft					geringe Reduktionskraft	

Abb. 4.3 Ausschnitt aus der Spannungsreihe; angegeben sind die Normalpotenziale einiger Redoxpaare (Ox: oxidierte Form, Red: reduzierte Form). [L253]

(z = Anzahl der übertragenen Elektronen, e = Elementarladung [$e = 1{,}6 \cdot 10^{-19}$ C], N_A = Avogadro-Zahl [$N_A = 6{,}022 \cdot 10^{23}\,\text{mol}^{-1}$], ΔE = Potenzialdifferenz).

Mit der Faraday-Konstanten ($F = 96.485\text{C} \cdot \text{mol}^{-1}$) lässt sich die Reaktionsenthalpie ausdrücken als:

$$\Delta G = -z \cdot F \cdot \Delta E$$

MERKE

Spannungsreihe merkst du dir am besten folgendes Prinzip: Nach rechts **o**ben kann **o**xidiert werden, nach links **u**nten kann red**u**ziert werden.

Potenzial bei Nichtstandardbedingungen

Die Spannungsreihe gibt Normalpotenziale an, die unter den oben genannten definierten **Standardbedingungen** ermittelt werden. Weichen die Bedingungen von diesen Normen ab, ändern sich auch die Elektrodenpotenziale.

Das Redoxpotenzial an einer Elektrode hängt vom Konzentrationsverhältnis zwischen oxidierter Form [ox] und reduzierter Form [red] in der umgebenden Lösung ab. Es wird durch die **Nernst-Gleichung** beschrieben:

$$E = E^0 + \frac{R \cdot T}{z \cdot F} \cdot \ln \frac{[\text{ox}]}{[\text{red}]}$$

(E^0 = Normalpotenzial, R = Gaskonstante [$R = 8{,}31\ \text{J} \cdot \text{mol}^{-1} \cdot \text{K}^{-1}$], T = Temperatur, z = Anzahl der übertragenen Elektronen, F = Faraday-Konstante [$F = 96.485\ \text{C} \cdot \text{mol}^{-1}$]).

Bei $T = 25\,°\text{C}$, dem Umrechnen des natürlichen in den dekadischen Logarithmus und dem Einsetzen der Werte für R und F lässt sich die Nernst-Gleichung schreiben als:

$$E = E^0 + \frac{0{,}06\ \text{V}}{z} \cdot \log_{10} \frac{[\text{ox}]}{[\text{red}]}$$

pH-Abhängigkeit

Zwischen Säure-Base-Reaktionen und Redoxreaktionen lassen sich Analogien feststellen:

- Säure-Base-Reaktionen werden in der Definition nach von Brönsted durch die Übertragung von Protonen beschrieben. Es werden Paare aus der Säure und ihrer konjugierten Base betrachtet.
- Redoxreaktionen werden durch die Übertragung von Elektronen definiert. Es werden Redoxpaare aufgestellt, bestehend aus der reduzierten und der oxidierten Form.

Wenn für die Bildung der oxidierten Form eines Redoxpaars Protonen freigesetzt werden, ist das Potenzial abhängig vom pH-Wert. Dies ist der Fall für die Normalwasserstoffelektrode:

$$2H_3O^+ + 2e^- \leftrightharpoons H_2 + 2H_2O$$

Die Nernst-Gleichung lautet:

$$E = 0\ \text{V} + \frac{0{,}06\ \text{V}}{2} \cdot \log_{10} \frac{[2\ H_3O^+]}{[2\ H_2O] \cdot [H_2]} =$$

$$0\ \text{V} + \frac{0{,}06\ \text{V}}{2} \cdot \log_{10} \frac{[H_3O^+]^2}{[H_2O]^2 \cdot [H_2]}$$

Die Konzentrationen $[H_2O]$ und $[H_2]$ bleiben unverändert. Sie werden formal gleich 1 gesetzt:

$$E = 0\ \text{V} + \frac{0{,}06\ \text{V}}{2} \cdot \log_{10}\left[H_3O^+\right]^2$$
$$= 0{,}06\ \text{V} \cdot \log_{10}\left[H_3O^+\right]$$

Mit

$$pH = -\log_{10}[H_3O^+]$$

ergibt sich:

$$E = -0{,}06\ \text{V} \cdot pH$$

Somit ist jede gegen die Normalwasserstoffelektrode gemessene Potenzialdifferenz pH-abhängig. Die Wasserstoffelektrode ist prinzipiell zur Messung des pH-Werts geeignet.

Die Begasung der Elektrode mit Wasserstoff erfordert aber einen apparativen Aufwand, der gerne vermieden wird. In elektrischen pH-Metern wird deshalb in der Regel die in der Beschreibung der Messverfahren schon angesprochene Glaselektrode eingesetzt.

4.4.3 Biochemische Redoxreaktionen

Zahlreiche biochemische Reaktionen sind Redoxreaktionen. Dies soll ohne Anspruch auf Vollständigkeit an einigen Beispielen gezeigt werden.

Knallgasreaktion

Im Organismus findet als Teilreaktion in der Atmungskette die, zuvor schon mehrfach als Beispiel angeführte, Knallgasreaktion statt:

$$2H_2 + O_2 \rightarrow 2H_2O$$

Wasserstoff reagiert mit dem eingeatmeten Sauerstoff zu Wasser. Aus den Normalpotenzialen lässt sich die Energiebilanz dieser Reaktion aufstellen. Mit einer Potenzialdifferenz von $\Delta E = 1{,}13$ V ist die freie Enthalpie der Reaktion:

$$\Delta G = -z \cdot F \cdot \Delta E = -2 \cdot 96485\ \frac{\text{C}}{\text{mol}} \cdot 1{,}13\ \text{V}$$
$$= -218\ \frac{\text{kJ}}{\text{mol}}$$

Bei der Reaktion von gasförmigem Wasserstoff und Sauerstoff wird diese Energie explosionsartig freigesetzt. Im Organismus wird die Energie, gesteuert durch die Enzyme der Atmungskette, stufenweise abgegeben und für die Synthese von ATP verwendet.

Oxidation und Reduktion der Kohlenwasserstoffe

Durch **Dehydrierung,** d. h. der Abspaltung von Wasserstoff, wird ein Alkan zu einem Alken (➤ Kap. 3.1.1 und ➤ Kap. 3.1.3). Es werden die zum Wasserstoff gehörenden Elektronen abgegeben, deshalb ist der Vorgang gleichbedeutend mit einer Oxidation (➤ Kap. 4.4.1).

In der Umkehrung wird in der Reduktion das Alken durch **Hydrierung** zum Alkan gesättigt:

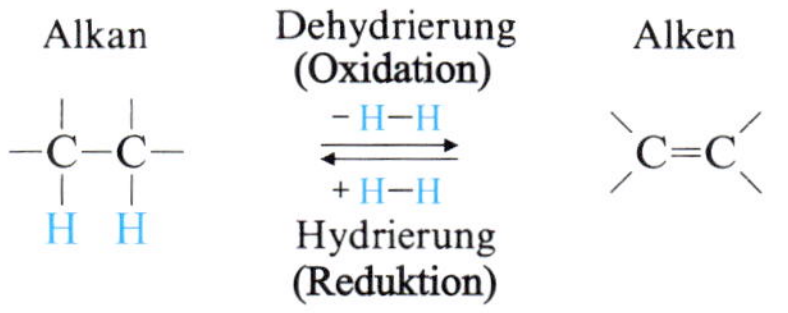

Oxidation der Alkohole

Alkohole können oxidiert werden. Es werden 2 Protonen und 2 Elektronen abgegeben. Aus einem primären Alkohol entsteht ein Aldehyd, aus einem sekundären Alkohol ein Keton (➤ Kap. 3.2.6):

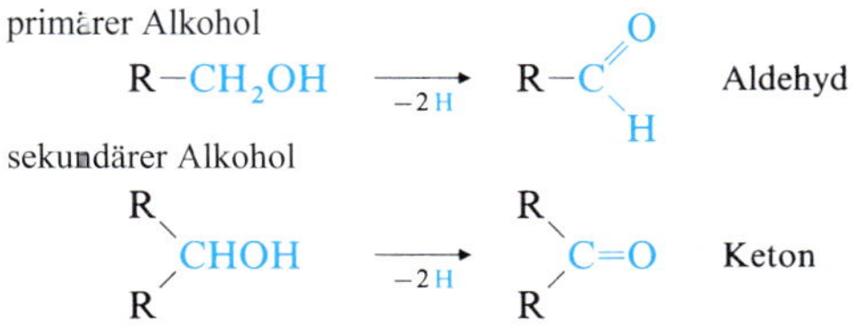

Tertiäre Alkohole sind unter vergleichbaren Bedingungen nicht mehr oxidierbar.

Thioalkohole – Disulfide

Die SH-Gruppe ist wegen der geringeren Elektronegativität des Schwefels leichter oxidierbar als eine OH-Gruppe. Durch Oxidation zweier Thiole bildet sich zwischen beiden eine Disulfidbrücke (➤ Kap. 3.2.4):

$$\underset{\text{Thiol}}{2\ RS{-}H} \ \underset{\substack{-2\,H \\ \text{Oxidation}}}{\overset{\substack{\text{Reduktion} \\ +2\,H}}{\rightleftharpoons}} \ \underset{\text{Disulfid}}{RS{-}SR}$$

Chinon – Hydrochinon

Ein Chinon kann durch Hydrierung zu einem Hydrochinon reduziert werden. Ein Hydrochinon ist ein zweiwertiges Phenol in *ortho-* oder *para-*Stellung der Hydroxygruppen (➤ Kap. 3.4.3). Das Hydrochinon kann wieder zum Chinon oxidiert werden. Chinon und Hydrochinon bilden ein korrespondierendes Redoxpaar:

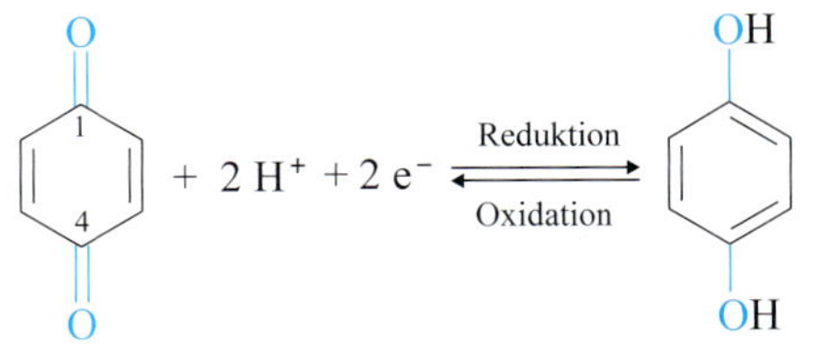

1,4-Benzochinon (*p*-Chinon) Hydrochinon

CHECK-UP
Beschreibe den Aufbau einer elektrochemischen Zelle.

Jetzt bist du dran!

Überblick gewinnen

Notiere dir ca. 5 Stichwörter aus diesem Unterkapitel.

4.5 Bildung und Eigenschaften der Salze

4.5.1 Salzbildung

Salze sind Ionenverbindungen aus Metall und Nichtmetall. Das Nichtmetall oxidiert das Metall. Daher liegt das Metall stets als Kation und das Nichtmetall als Anion vor.

Salze bilden sich in der **Neutralisationsreaktion** von Säure und Base:

$$\text{Säure} + \text{Base} \rightarrow \text{Salz} + \text{Wasser}$$

Beispiel: $NaOH + HCl \rightarrow NaCl + H_2O$.

Eine weitere Möglichkeit der Salzbildung ist das Ersetzen der Protonen einer Säure durch Metallionen.

Die Namen der Salze leiten sich von denen der Säureanionen ab, Beispiele: NaCl, Natriumchlorid, $CaCO_3$, Calciumcarbonat.

4.5.2 Eigenschaften der Salze

Aggregatzustand

In festem Zustand bilden Salze ein **Kristallgitter,** in dem den positiven Ionen jeweils negative gegenüberstehen. In wässriger Lösung **dissoziieren** die Ionen des Salzes. Sie werden von einer **Hydrathülle** aus Wassermolekülen umgeben.

Bei den kleineren Ionen wird die Kernladung durch die kleinere Elektronenhülle weniger stark abgeschirmt, deshalb werden die polaren Wassermoleküle stärker angezogen. Während bei den Alkalimetallen die Ionenradien mit der Ordnungszahl zunehmen, gilt für die Größe der Hydrathüllen daher die umgekehrte Reihenfolge:

$$Li^+_{aq} > Na^+_{aq} > K^+_{aq}$$

Der Index *aq* kennzeichnet hier das hydratisierte Ion.

KLINIK
Hydratisierte Natriumionen sind größer als hydratisierte Kaliumionen. Die Kaliumionen können deshalb Kanäle in der Zellmembran passieren, die für Natriumionen zu klein sind.

Lösungswärme

Beim Lösen eines Salzes in Wasser kann in einigen Fällen eine Erwärmung, in anderen eine Abkühlung der Lösung beobachtet werden.

Es ist die Energiebilanz zweier Vorgänge zu betrachten:

- Die Bindungen im Kristallgitter des Salzes müssen aufgebrochen werden. Die hierzu nötige Energie wird als **Gitterenergie** ΔH_U bezeichnet.
- Die regelmäßige Anordnung der Wassermoleküle in der Hydrathülle stellt einen energetisch günstigen Zustand dar. Bei der Bildung der Hydrathülle wird die **Hydratationsenthalpie** ΔH_H frei.

Die **Lösungsenthalpie** ΔH_L ist die Differenz beider Energiebeiträge:

- $\Delta H_L = \Delta H_H - \Delta H_U > 0$: Die freigesetzte Hydratationsenthalpie ist größer als die Gitterenergie, die Lösung erwärmt sich.
- $\Delta H_L = \Delta H_H - \Delta H_U < 0$: Die Hydratationsenthalpie ist kleiner als die Gitterenergie, der Lösung wird Energie entzogen und sie kühlt ab.

Löslichkeit

Die Löslichkeit eines Salzes wird quantitativ durch sein **Löslichkeitsprodukt** angegeben (➤ Kap. 4.5.3).

Das Löslichkeitsprodukt *L* lässt sich aus dem Massenwirkungsgesetz ableiten (➤ Kap. 4.2.2):

$$\frac{[K^+]\cdot[A^-]}{[KA]} = K$$

$$[K^+] \cdot [A^-] = K \cdot [KA] = L$$

$$L = [K^+] \cdot [A^-]$$

Das Löslichkeitsprodukt ist das Produkt aus der Gleichgewichtskonstanten der Reaktion und der Konzentration des ungelösten Anteils. Es ist auch gleich dem **Ionenprodukt** des Salzes, d. h. dem Produkt der Konzentrationen der Kationen und Anionen.

Seifenbildung

Unpolare Säureanionen bilden mit den Kationen der Metalle Seifen. Die Fettsäuren, langkettige Carbonsäuren, bilden mit Natriumionen **Kernseifen,** mit Kaliumionen **Schmierseifen.**

Als Salz sind die Seifen vollständig dissoziiert. Die Kationen der Seifen sind hydratisiert. Die durch die Fettsäuren gebildeten Anionen sind wegen ihres langen apolaren Teils praktisch wasserunlöslich. Sie bilden **Mizellen** (➤ Kap. 3.2.7).

4.5.3 Schwer lösliche Salze

Die meisten Salze sind gut in Wasser löslich. Es gibt aber auch Ausnahmen. Die Sulfate, Carbonate und Phosphate der Erdalkalimetalle sowie des Lithiums sind schwer löslich.

Das Löslichkeitsprodukt *L* eines Salzes gibt die maximale Ionenkonzentration in einer gesättigten Lösung an. Wird diese Konzentration überschritten, fällt das Salz aus und es bildet sich am Boden des Gefäßes ein fester Niederschlag. Es stellt sich ein Gleichgewicht ein, bei dem aus der Lösung gleich viele Ionen ausfallen, wie aus dem Bodensatz wieder in Lösung gehen (➢ Kap. 4.2 und ➢ Kap. 4.3).

Das Löslichkeitsprodukt schwer löslicher Salze ist sehr klein. In einer Fällungsreaktion wird das Überschreiten des Löslichkeitsprodukts zum Nachweis einer Ionensorte oder zur Stofftrennung ausgenutzt. Es werden zwei Salze zusammengegeben, aus deren Ionen sich ein schwer lösliches Salz bildet, das dann aus der Lösung ausfällt.

Ein Beispiel ist der Nachweis von Bariumionen durch Zugabe von Natriumsulfat:

$$\underset{\text{Bariumchlorid}}{BaCl_2} + \underset{\text{Natriumsulfat}}{Na_2SO_4} \longrightarrow \underset{\text{Bariumsulfat}}{BaSO_4\downarrow} + \underset{\text{Natriumchlorid}}{2\ NaCl}$$

$$Ba^{2+} + SO_4^{2-} \longrightarrow BaSO_4\downarrow$$

$$L = 10^{-10}\ mol^2/L^2$$

Es entsteht das sehr schwer lösliche Bariumsulfat, das aus der Lösung ausfällt.

KLINIK

Bariumsulfat wird als Kontrastmittel bei der Röntgenuntersuchung des Gastrointestinaltrakts eingesetzt. Die Ba^{2+}-Ionen sind zwar toxisch, wegen des geringen Löslichkeitsprodukts des Salzes treten sie aber nur in der vernachlässigbar kleinen Konzentration von 10^{-5} mol/l auf.

4.5.4 Elektrolyse

Salzlösungen sind Elektrolyte. **Elektrolyte** leiten den elektrischen Strom durch die Wanderung von Ionen (➢ Kap. 4.5.4).

Die **Elektrolyse** ist ein Verfahren zur Stofftrennung. Zwei an eine Spannungsquelle angeschlossene Elektroden tauchen in einen Elektrolyten ein. Im Gegensatz zu der in ➢ Kap. 4.4.2 beschriebenen elektrochemischen Zelle sind hier die Elektroden nicht durch eine Membran getrennt. Die Ionen des Elektrolyten wandern zu den Elektroden, gleichen ihre Ladung aus und schlagen sich dort nieder.

Auf diese Weise kann ein elektrisch leitender Gegenstand mit einer dünnen Schicht eines Metalls überzogen werden. Man bezeichnet diese Methode der Oberflächenveredelung als **Galvanisierung.**

Für die Elektrolyse gelten die **Faraday-Gesetze:**

1. Die Masse des an einer Elektrode abgeschiedenen Stoffs ist proportional zum durch den Elektrolyten geflossenen Strom.
2. Zur Abscheidung eines Mols eines Stoffs ist die Ladung $Q = z \cdot F$ erforderlich (z = Wertigkeit der Ionen, F = Faraday-Konstante, F = 96.485 C/mol).

4.5.5 Biochemisch wichtige Salze

Salze bzw. ihre Ionen erfüllen zahlreiche biochemische Aufgaben. Die häufigsten Ionensorten im Organismus sind:

- Kationen: Cl^-, I^-, F^-, HCO_3^-, HPO_4^{2-}
- Anionen: Na^+, K^+, Ca^{2+}, Mg^{2+}, Fe^{2+}

Wichtige Aufgaben dieser Ionen sind:

- **Na^+, K^+** und **Cl^-** bauen das Membranpotenzial an den Zellen auf. Sie sind auch wesentlich an der Aufrechterhaltung des osmotischen Drucks beteiligt.
- **Jod** wird als Jodid aufgenommen und ist essenziell für die Hormone der Schilddrüse.
- **Fluoridionen** sind als Fluorapatit Bestandteil des Zahnschmelzes und der Knochensubstanz.
- **Ca^{2+}** ist unentbehrlicher Co-Faktor für viele biochemische Reaktionen, u. a. für das Gerinnungssystem des Bluts. Das Skelett ist das Calciumreservoir des Körpers. Calcium ist dessen Hauptbestandteil in Form von Hydroxy-Calcium-Phospho-Apatit $Ca_5(PO_4)_3OH$.
- **Mg^{2+}** ist u. a. zur Übertragung der Phosphatgruppen aus dem ATP notwendig.
- **Fe^{2+}** bildet als Zentralion mit dem Häm-Molekül einen Komplex, in dem Sauerstoff an das Eisen gebunden und auf diese Weise transportiert wird.
- **HCO_3^-** ist das Anion des offenen CO_2/Kohlensäure-Puffersystems, das den pH-Wert des Bluts regelt.
- **HPO_4^{2-}** ist das Anion der zweiten Dissoziationsstufe des Phosphatpuffers. Es ist der wichtigste Puffer im Zytoplasma.

Darüber hinaus benötigt der Organismus noch einige **Spurenelemente** als Bestandteile essenzieller Enzyme. Im Allgemeinen werden auch diese Elemente in Form von Metallionen ihrer Salze aufgenommen.

CHECK-UP

Wie lauten die Faraday-Gesetze?

Jetzt bist du dran!

Überblick gewinnen

Notiere dir ca. 5 Stichwörter aus diesem Unterkapitel.

4.6 Ligandenaustausch-Reaktionen

4.6.1 Definition und Eigenschaften

Liganden besitzen ein oder mehrere freie Elektronenpaare. Sie bilden mit einem positiven **Zentralion** durch koordinative Bindungen einen **Komplex.**

- Für den Komplex lässt sich nach dem Massenwirkungsgesetz eine Bildungskonstante K_K angeben:

$$\frac{[\text{Metall}-\text{Komplex}]}{[\text{Kation}\cdot\text{Ligand}]} = K_K$$

- Die reziproke Schreibweise des Massenwirkungsgesetzes ergibt die **Zerfallskonstante** des Komplexes K_Z:

$$\frac{[\text{Kation}\cdot\text{Ligand}]}{[\text{Metall}-\text{Komplex}]} = K_Z = \frac{1}{K_K}$$

Ein Ligand mit einer größeren Bildungskonstante, d. h. höheren Bindungsaffinität, kann einen Liganden mit geringerer Affinität verdrängen. Das **Bindungsvermögen** eines Liganden kann durch seine Elektronegativität ausgedrückt werden.

- Für einzähnige Liganden kann eine Reihenfolge aufgestellt werden: $CN^- > CO > O_2 > NH_3 > H_2O$.
- Ein Ligand kann andere, in dieser Anordnung rechts von ihm stehende Liganden verdrängen.
- **Chelatoren** sind mehrzähnige Liganden, sie können praktisch alle einzähnigen Liganden verdrängen. Auch die Chelatoren lassen sich nach ihrer Bindungsstärke unterscheiden. Weinsäure, HOOC–CHOH–CHOH–COOH, ist ein relativ schwacher Chelator mit zwei Koordinationsstellen.
- Citrate, die Anionen bzw. Salze der Zitronensäure, bilden dreizähnige Chelatoren.
- Einer der stärksten bekannten Chelatoren, der fast jeden anderen Chelator verdrängen kann, ist der sechszähnige Ligand EDTA (Ethylendiamintetraessigsäure).

MERKE

Die Bildung eines Komplexes verändert entscheidend die Eigenschaften des Zentralions.
Ein Ligandenaustausch führt zu einem neuen Komplex, dessen Eigenschaften von denen des Ausgangskomplexes differieren.

Metallkomplexe sind häufig an einer typischen Farbe erkennbar. Beispielsweise ist die Lösung des Kupferaquakomplexes blassblau. Von einem **Aquakomplex** wird gesprochen, wenn Wassermoleküle als Liganden auftreten. Es kann hier zwischen den Wassermolekülen unterschieden werden, die als Liganden auftreten, und dem Hydratwasser, das von Wassermolekülen gebildet wird, die zusätzlich als Hydrathülle jeden Komplex umlagern.

Der Ligandenaustausch mit Ammoniak führt zum Tetraamminkupfer(II)-Komplex. Die Farbe wechselt durch den Austausch zu Tiefblau:

$[Cu(H_2O)_4]^{2+} + 4\,NH_3$
blassblau

$\downarrow$

$[Cu(NH_3)_4]^{2+} + 4\,H_2O$
tiefblau

Ein Ligandenaustausch kann auch das Redoxpotenzial des Zentralions ändern. Sowohl im Hexaammincobalt- als auch im Hexaaquocabaltkomplex kann Co^{2+} zu Co^{3+} oxidiert werden. In beiden Fällen unterscheidet sich das Redoxpotenzial:

$[Co(NH_3)_6]^{2+} \rightleftharpoons [Co(NH_3)_6]^{3+} + e^-$
Hexammin-cobalt(II)-ion ⇌ Hexammin-cobalt(III)-ion

$E^0 = +0{,}11$ Volt

$[Co(H_2O)_6]^{2+} \rightleftharpoons [Co(H_2O)_6]^{3+} + e^-$
Hexaaqua-cobalt(II)-ion ⇌ Hexaaqua-cobalt(III)-ion

$E^0 = +1{,}81$ Volt

Durch die Anlagerung der Liganden entstehen Komplexe, die größer sind als das ursprüngliche hydratisierte Ion. Die Komplexbildung hat einen Einfluss auf die Löslichkeit der Ionen, ihre Wanderungsgeschwindigkeit und ihre Fähigkeit, Ionenkanäle passieren zu können.

Geeignete Chelatoren, z. B. cyclische Ether mit mehreren Ethergruppen, die sog. **Kronenether,** können die Löslichkeit von Alkalisalzen so weit beeinflussen, dass sie in apolaren Lösungsmitteln, wie Benzol oder Chloroform, sogar noch besser löslich sind als in Wasser.

4.6.2 Beispiele

Als Beispiel für biologische wichtige Chelatkomplexe wurde der Komplex aus Fe^{2+} und Häm bereits in ➤ Kap. 1.5.3 genannt. Weitere Beispiele sind Co^{3+} im Cobalamin (Vitamin B_{12}) oder Mg^{2+} in Chlorophyll.

Die Gerinnungsfaktoren II, VII, IX und X binden Ca^{2+} koordinativ in einem zweizähnigen Chelatkomplex. Die Zugabe von Citrat oder EDTA zu einer Blutprobe führt zu einem Ligandenaustausch, wodurch die Blutgerinnung unterbunden wird.

CHECK-UP

Nenne 3 Beispiele für Chelatoren.

Jetzt bist du dran!

Überblick gewinnen

Notiere dir ca. 5 Stichwörter aus diesem Unterkapitel.

4.7 Additions- und Eliminationsreaktionen

Die folgenden Reaktionsmechanismen finden fast alle an C-Atomen von organischen Molekülen statt. **Cave:** Molekülklassen ➤ Kap. 3.2 und ➤ Kap. 3.3 sowie das Konzept der Elektronegativität.

4.7.1 Addition, Elimination

In einer **Additionsreaktion** werden zusätzliche Atome an ein Molekül angefügt. Additionen sind nur an ungesättigten Verbindungen möglich. Die π-Bindung einer Doppel- oder Dreifachbindung wird gelöst. Es stehen nun zwei freie Elektronen zur Verfügung, die kovalente Bindungen eingehen können. Daher werden stets zwei Atome addiert. Die Additionsreaktion erfolgt mit einem Partner der Form X–Y, wobei X und Y für gleichartige Atome, verschiedene Atome oder für funktionelle Gruppen stehen können (➤ Abb. 4.4).

Bei der Addition werden auch die Bindungselektronen der angefügten Atome aufgenommen. Eine Addition ist deshalb stets auch eine Reduktion.

Nach der Art der addierten Stoffe werden die Reaktionen benannt (➤ Abb. 4.4):

- **Hydrierung** bezeichnet die Addition von Wasserstoff, H–H. Beide Wasserstoffatome werden in der *cis*-Stellung an die Doppelbindung angelagert. Der Vorgang ist zwar exotherm, kommt aber nicht von selbst in Gang. Es ist ein Katalysator notwendig, hierzu dienen Metalle, wie Platin, Palladium oder Nickel.
- **Hydratisierung** ist die Anlagerung eines Wassermoleküls, H–OH. Auf diese Weise entsteht aus einem Alken ein Alkohol. Die Reaktion läuft nicht selbsttätig, sondern nur säurekatalysiert ab.
- **Halogenierung** wird die Addition zweier Halogenatome genannt. Die beiden Atome werden in *trans*-Stellung, d. h. an gegenüberliegenden Seiten der Doppelbindung, angelagert.

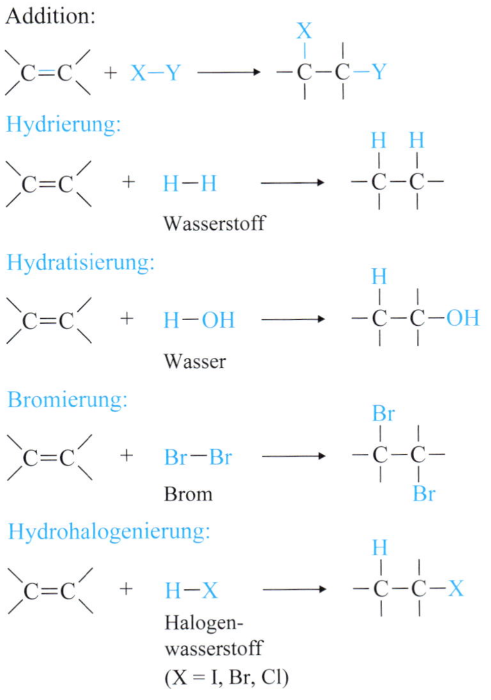

Abb. 4.4 Additionsreaktionen: Prinzip und Beispiele [L253]

➤ Abb. 4.4 zeigt als Beispiel die Bromierung. Auf die gleiche Weise läuft auch eine Chlorierung, Fluorierung oder Jodierung ab.

- **Hydrohalogenierung** ist die Addition eines Wasserstoff- und eines Halogenatoms. Das addierte Molekül hat in diesem Fall die Struktur H–X, wobei X für eines der Halogene Fluor, Chlor, Brom oder Jod steht.

Die Umkehrung der Additionsreaktion ist die **Elimination,** bei der Bausteine aus dem Molekül entfernt werden. Die zurückbleibenden ungepaarten Elektronen gehen miteinander eine π-Bindung ein. Es entsteht eine ungesättigte Verbindung. Eine Elimination ist wegen der Elektronenabgabe stets auch eine Oxidation.

- Die Umkehrung der Hydrierung, die Elimination von 2 H wird **Dehydrierung** genannt.
- **Dehydratisierung** ist die Umkehrung der Hydratisierung, d. h. die Abspaltung eines Wassermoleküls.

MERKE

Für eine Addition ist immer eine Doppelbindung notwendig, bei einer Elimination entsteht immer eine Doppelbindung.

4.7.2 Reaktionen der Carbonylgruppe

Reaktionsmechanismus

Die funktionelle Gruppe der Aldehyde und Ketone ist die **Carbonylgruppe.** Charakteristisches Strukturelement ist das über eine Doppelbindung an den Kohlenstoff gebundene Sauerstoffatom. Trägt die Carbonylgruppe einen organischen Rest und ein H-Atom, liegt ein **Aldehyd** vor, bei zwei organischen Resten ein **Keton** (➤ Kap. 3.2.6).

Das Reaktionsverhalten der Carbonylgruppe wird verständlich, wenn ihre **Ladungsverteilung** näher betrachtet wird. Das Kohlenstoffatom ist *sp*^{2}-hybridisiert. Die C=O-Doppelbindung ist stark polarisiert. Die positive Partialladung befindet sich am C-Atom, die negative beim Sauerstoff. Die Polarisierung wird durch die Doppelbindung verstärkt. Die Carbonylgruppe ist deshalb stärker polarisiert als die C–OH-Bindung einer Alkoholgruppe.

- Das C-Atom stellt das **elektrophile Zentrum** der Carbonylgruppe dar. Seine positive Partialladung wirkt anziehend auf eine negative Ladung. Der angezogene potenzielle Reaktionspartner ist das **Nucleophil,** das selbst negativ geladen ist oder zumindest durch freie Elektronenpaare oder ungepaarte Elektronen Bereiche negativer Partialladung hat. Die negative Ladung des Nucleophils wird von der positiven Ladung am elektrophilen Zentrum der Carbonylgruppe angezogen.
- Das Sauerstoffatom als Träger der negativen Partialladung repräsentiert das **nucleophile Zentrum** der Carbonylgruppe. Dieses zieht elektrophile Reaktionspartner an. Die **Elektrophile** sind selbst wieder positiv geladen.

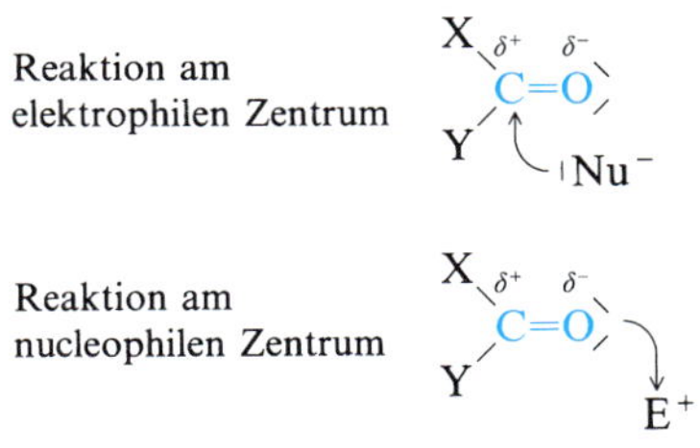

Durch den Angriff eines Nucleophils am C-Atom verschieben sich die Elektronen der C=O-Doppelbindung noch weiter zum Sauerstoff hin, sodass sich dort leicht ein Proton anlagert. Es entsteht eine OH-Gruppe und das Nucleophil lagert sich am C-Atom an.

Diese Reaktion kann durch die Anwesenheit einer Säure katalysiert werden. Ein Proton, das sich als Elektrophil temporär an das Sauerstoffatom anlagert, verstärkt die Polarisation der C=O-Bindung, sodass sich ein Nucleophil leichter an das C-Atom heften kann.

Addition von Wasser

Die Addition von Wasser führt bei Aldehyden und Ketonen zu einem Aldehydhydrat bzw. Ketonhydrat. Das Sauerstoffatom des Wassermoleküls greift als Nucleophil die Carbonylgruppe an. Ein Proton des Wassers geht auf das Sauerstoffatom der Carbonylgruppe über:

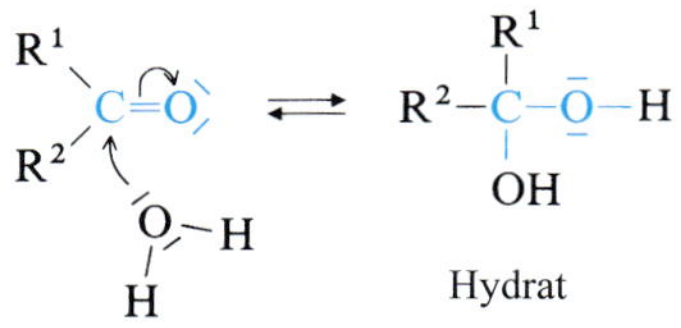

Hydrat

Aldehyd oder Keton

Reaktion mit Alkoholen

Alkohole addieren sich nach dem gleichen Schema wie Wasser an die Carbonylgruppe. Der nucleophile Angriff erfolgt durch die Hydroxygruppe des Alkohols. Das Proton der OH-Gruppe wird auf das O-Atom der Carbonylgruppe übertragen.

Aus Aldehyden oder Ketonen bilden sich bei Addition von Alkoholen **Halbacetale:**

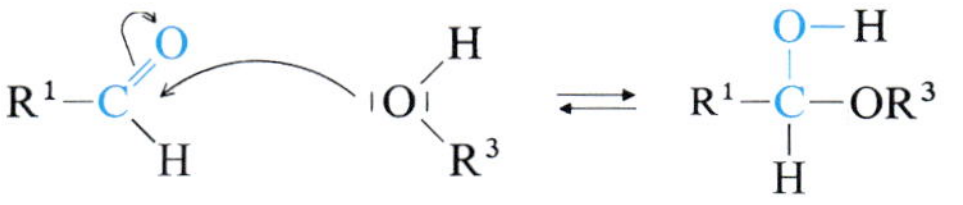

Halbacetal

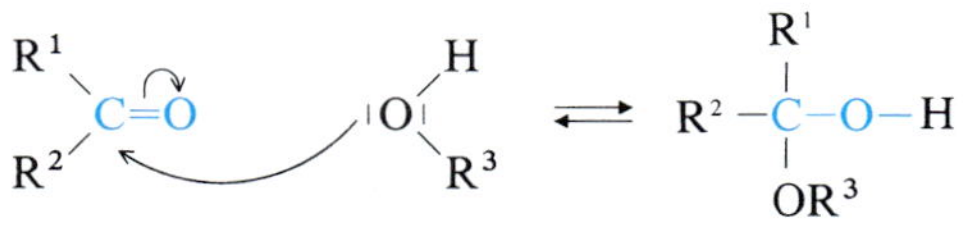

Halbacetal
(früher: Halbketal)

Früher wurden die Acetale der Ketone als Ketale bezeichnet, heute ist diese Unterscheidung aber nicht mehr üblich.

Die Carbonylgruppe kann auch mit einer OH-Gruppe des eigenen Moleküls reagieren. Es findet dann ein Ringschluss zu einem **cyclischen Halbacetal** statt. Stabil sind hier wieder besonders die 5- oder 6-gliedrigen Ringe:

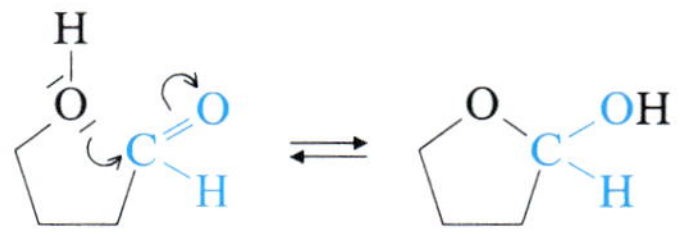

Einige Kohlenhydrate nehmen bevorzugt die Form cyclischer Halbacetale ein.

Aus einem Halbacetal kann sich unter Wasserabspaltung das Carbeniumion bilden. Dieses reagiert erneut mit einem Alkohol weiter zum **Acetal** (auch: Vollacetal; ➤ Abb. 4.5).

MERKE

Halbacetale enthalten ein C-Atom mit einer OH- und einer OR-Gruppe, während in **Vollacetalen** an einem C-Atom zwei OR-Gruppen zu finden sind.

Reaktion mit Aminen

Die Carbonylgruppe reagiert mit primären Aminen zu **Iminen.** Das Carbonyl-C-Atom wird vom freien Elektronenpaar des Stickstoffs nucleophil angegriffen. Nach der Bindung des Stickstoffs an den Kohlenstoff entsteht zunächst ein „Zwitterion". Dessen Ladungen gleichen sich aus, indem ein Proton vom Stickstoff auf den Sauerstoff übertragen wird. Nach der Abspaltung eines Wassermoleküls entsteht ein Imin:

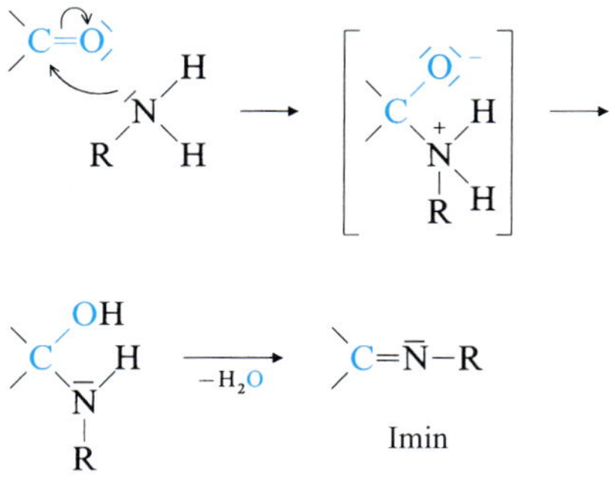

Imin

Charakteristisch für Imine ist die Struktur >C=N–R, sie steht im Gleichgewicht mit der Form >C–N=R, in die sie sich durch Wechsel der Doppelbindung umwandelt.

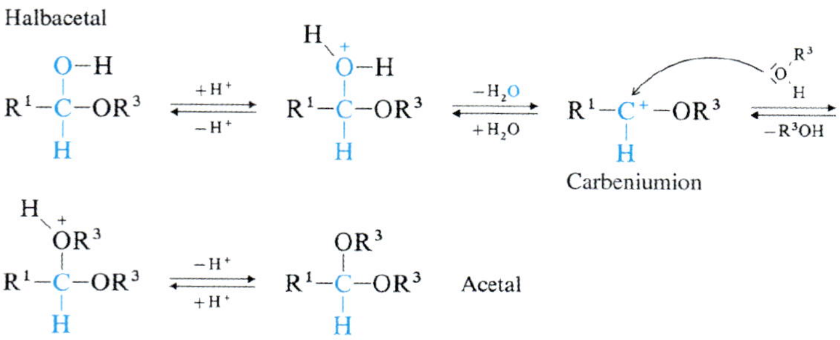

Abb. 4.5 Reaktion des Halbacetals mit einem weiteren Alkohol zum Acetal [L253]

Bei Iminen wurde das Sauerstoffatom eines Aldehyds oder Ketons durch Stickstoff ersetzt. Das Stickstoffatom trägt zusätzlich noch ein Wasserstoffatom oder einen organischen Rest. Im letzteren Fall werden die Imine auch als **Azomethine** oder **Schiff-Basen** bezeichnet.

MERKE
Diese Reaktion spielt in der Transaminierung von Aminosäuren eine große Rolle, als Co-Faktor dient Pyridoxalphosphat.

4.7.3 Tautomerie, Kondensationen

Keto-Enol-Tautomerie

In **Ketonen** wirkt die starke Polarität der C=O-Bindung auch auf die benachbarten C-Atome. Diese geben ihre Protonen leicht ab. Es entsteht so zunächst ein Enolation. An dieses kann sich ein Proton wieder an die ursprüngliche Stelle oder aber auch an das Sauerstoffatom anlagern. Auf diese Weise entsteht die **Enolform.**

MERKE
Der Name „Enol" deutet auf die C=C-Doppelbindung („-en") und die Hydroxygruppe („-ol") hin.

Es handelt sich hier um einen speziellen Fall der Konstitutionsisomerie, der **Tautomerie.** Die beiden Tautomere, Ketoform und Enolform, stehen miteinander im Gleichgewicht. Sie wandeln sich spontan ineinander um (➤ Abb. 4.6).

Kondensationen

Jede Verbindung zweier Moleküle unter Abspaltung eines Wassermoleküls wird als **Kondensation** bezeichnet.

In diesem Sinne ist die zuvor beschriebene Reaktion von Aldehyden bzw. Ketonen mit primären Aminen zu Iminen eine Kondensation.

Darüber hinaus sollen hier noch weitere Kondensationsreaktionen vorgestellt werden.

Aldol-Kondensation

Aldehyde verbinden sich in alkalischem Milieu zu Dimeren (griech. dimer = zwei Teile). Das C-Atom an der α-Position, d. h. das der Carbonylgruppe benachbarte C-Atom, gibt leicht ein Proton ab. Das entstandene Carbanion lagert sich nucleophil an das Carbonyl-C-Atom eines unveränderten Aldehyds an. Es entsteht ein **Aldol.**

MERKE
Der Name „Aldol" drückt aus, dass die Verbindung eine Aldehydgruppe („-al") und eine OH-Gruppe („-ol") enthält.

Der Vorgang wird als **Aldol-Addition** bezeichnet, denn je zwei Ethanalmoleküle „addieren" sich zum Aldol (➤ Abb. 4.7).

Es schließt sich oft die **Aldol-Kondensation** an, denn Aldole sind instabil. Sie spalten Wasser ab und es entsteht eine zur Carbonylgruppe konjugierte C=C-Doppelbindung.

Im gezeigten Beispiel entstand das Aldol durch Addition zweier Ethanalmoleküle. Die nachfolgende Kondensation führt zum Crotonaldehyd.

Ester-Kondensation

Eine der Aldol-Addition analoge Reaktion wird auch bei Estern beobachtet, die **Ester-Kondensation.** Das Proton am α-C-Atom wird abgegeben und das Carbanion bindet am nucleophilen Zentrum eines anderen Esters:

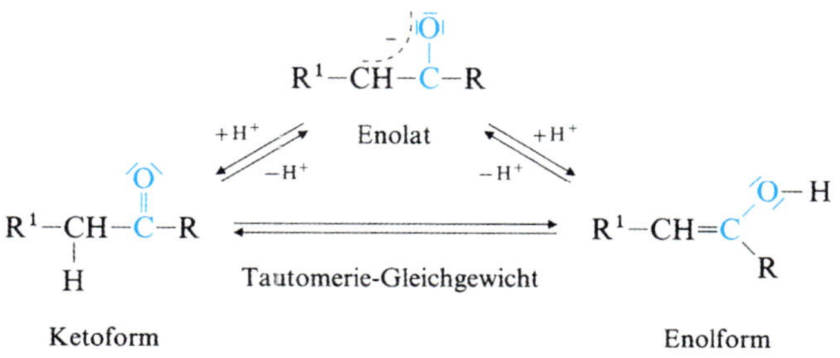

Abb. 4.6 Keto-Enol-Tautomerie [L253]

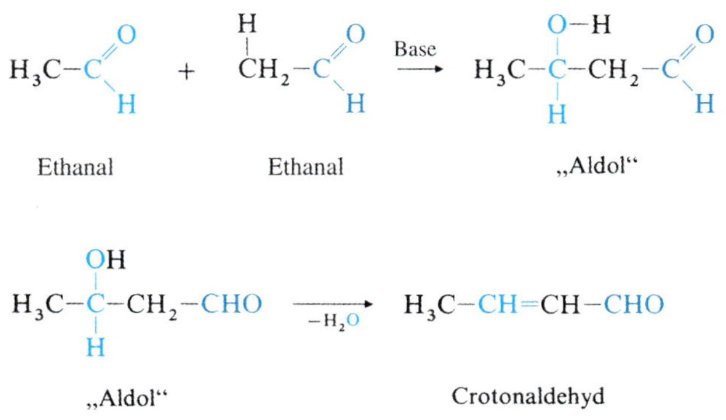

Abb. 4.7 Aldol-Addition und anschließende Aldol-Kondensation zum Crotonaldehyd [L253]

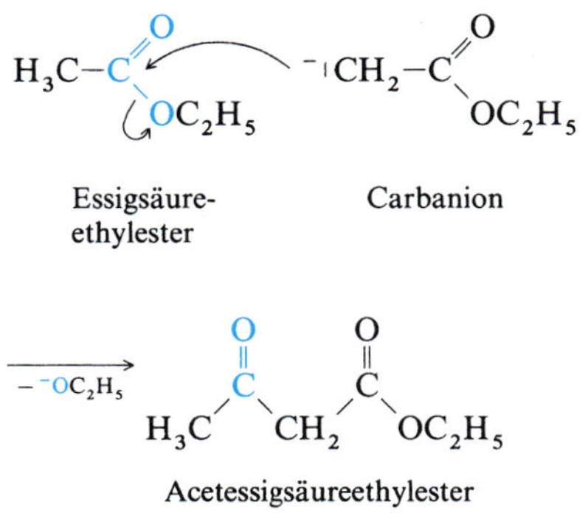

Es wird hierbei kein Wasser, sondern die Gruppe $-OC_2H_5$ abgespalten. Die Reaktion wird trotzdem, in einem erweiterten Sinn des Begriffs, als Kondensation bezeichnet.

MERKE

- Biochemisch ist die Ester-Kondensation von Bedeutung, denn sie ermöglicht den Aufbau längerer Kohlenstoffketten.
- Bei der Biosynthese von Fettsäuren wird als erster Schritt ein Acetylrest (C_2-Körper) aus einer Thioesterbindung auf einen Malonylthioester (C_3-Körper) unter Abspaltung eines Thiols und eines CO_2 übertragen.

CHECK-UP

Erkläre den Begriff Tautomerie.

Jetzt bist du dran!

Überblick gewinnen

Notiere dir ca. 5 Stichwörter aus diesem Unterkapitel.

4.8 Substitutionsreaktionen

4.8.1 Reaktionsablauf, reaktive Teilchen

In einer **Substitution** werden Bausteine eines Moleküls durch andere Atome oder Gruppen ersetzt. Im Unterschied zur Addition oder Elimination, bei denen nur π-Bindungen gelöst oder neu gebildet werden (➤ Kap. 4.7.1), erfordert die Substitution das vollständige Lösen und neue Schließen der kovalenten Bindungen.

Eine kovalente Bindung kann sich auf zwei Arten öffnen:

- **Heterolytischer Bruch:** Hier erhält ein Partner beide Elektronen des ehemaligen Molekülorbitals. Auf diese Weise entstehen Ionen. Der Partner mit beiden Elektronen wird zum Anion, der andere zum Kation.
- **Homolytischer Bruch:** Jeder der Partner erhält eines der Bindungselektronen. Es entstehen zwei sog. Radikale.

Ein **Radikal** verfügt über ein ungepaartes Valenzelektron. Dieses wird in der Schreibweise durch einen Punkt gekennzeichnet. Radikale sind äußerst reaktive Teilchen, die andere Moleküle angreifen. Das freie Elektron des Radikals zieht ein Elektron aus einer kovalenten Bindung, die dabei aufgebrochen wird, heraus und bildet mit ihm ein gemeinsames Orbital.

Beispiele für Radikale sind:

- $H^•$ das Wasserstoffatom.
- $Cl^•$, das Chloratom.
- $^•O{-}O^•$, das nur einfach verbundene Sauerstoffmolekül bildet ein Doppelradikal.

Radikale können sich durch Einstrahlung von UV-Licht bilden. Das Chlormolekül wird im ultravioletten Licht in zwei Chlorradikale gespalten:

$$Cl_2 \xrightarrow{\text{UV-Licht}} 2\,Cl^•$$

Radikale können eine **Kettenreaktion** starten. Das Radikal zerbricht ein Molekül und verbindet sich mit einem der Bruchstücke. Das andere Stück bleibt mit einem ungepaarten Elektron zurück. Es ist jetzt selbst ein Radikal, das Bindungen in anderen Molekülen angreift, usw.

Die Reaktionskette bricht erst ab, wenn zwei Moleküle mit ungepaarten Elektronen rekombinieren.

KLINIK

In Anwesenheit von Sauerstoff bilden sich in gewissem Umfang immer auch **Sauerstoffradikale.**

Im Organismus können freie Radikale biologisch wichtige Moleküle zerstören. Stoffe, die sich mit einem Radikal verbinden oder ein Elektron auf dieses übertragen, ohne dabei selbst wieder neue Radikale zu bilden, wirken als Radikalfänger. **Antioxidanzien** sind Stoffe mit niedrigem Redoxpotenzial, die leicht ein Elektron an ein Radikal abgeben und somit andere Stoffe vor der Oxidation schützen. Als Antioxidanzien sind die Vitamine C und E bekannt, denen deshalb auch eine schützende Wirkung vor degenerativen Erkrankungen zugeschrieben wird.

Geladene Teilchen oder **polarisierte Teilchen mit starker Partialladung** sind ebenfalls sehr reaktiv. Sie greifen als Nucleophil oder Elektrophil jeweils an Stellen eines Moleküls an, die eine zu ihrer eigenen Ladung entgegengesetzte Partialladung tragen.

4.8.2 Reaktionen am gesättigten Kohlenstoffatom

Radikalische Substitution

Ein Substituent am Kohlenstoffatom wird durch ein Radikal ersetzt. Ein Beispiel ist die radikalische Chlorierung von Alkanen:

$$R{-}H + Cl_2 \xrightarrow{\text{UV-Licht}} R{-}H + 2\,Cl^•$$
$$\rightarrow R{-}Cl + H{-}Cl$$

Die Reaktion kann auch als Kettenreaktion ablaufen. Sie startet mit der Bildung zweier Chlorradikale, von denen jedes eine Kette initiiert, die sich weiter fortpflanzt:

$$R{-}H + Cl^• \rightarrow R^• + H{-}Cl$$

$$R^• + Cl{-}Cl \rightarrow R{-}Cl + Cl^•$$

Die Kette bricht erst dann ab, wenn zwei Radikale rekombinieren.

Eine radikalische Bromierung ist ebenfalls möglich. Jodradikale lösen aber keine Substitutionsreaktion aus. Das Jodradikal ist weniger reaktiv, seine Elektronegativität ist vergleichsweise gering. Es kann kein Elektron aus einer bestehenden C–H-Bindung herauslösen. Jod kann daher als Radikalfänger auftreten, indem es mit Radikalen anderer Stoffe rekombiniert.

Nucleophile Substitution

Ein Substituent am Kohlenstoffatom wird durch ein Nucleophil ersetzt. Dazu ist es notwendig, dass das C-Atom ein elektrophiles Zentrum darstellt. Das heißt, das Kohlenstoffatom ist durch eine polarisierte Bindung zu einem der Substituenten auf die Reaktion vorbereitet.

Das Substrat für die nucleophile Substitution habe die Form $R_3C–X$, d. h., das C-Atom trägt drei beliebige Substituenten R und über eine polarisierte Bindung mit positiver Partialladung am C-Atom den Substituenten X. Die Abgangsgruppe X wird durch das Nucleophil Nu ersetzt.

Es werden zwei Reaktionsverläufe unterschieden: die Substitution mit einem anionischen oder mit einem ungeladenen Nucleophil.

$$Nu^- + R_3C–X \rightarrow R_3C–Nu + X^-$$

- Das angreifende Nucleophil ist **negativ geladen.** Das gebildete Produkt ist neutral. Die Abgangsgruppe X hat die negative Ladung erhalten:

$$Nu^- + R_3C–X \rightarrow R_3C–Nu + X^-$$

- Als **ungeladene** Nucleophile treten im Allgemeinen Dipolmoleküle auf, die ein Proton abspalten können. Die Abgangsgruppe wird zunächst als Anion abgespalten und es entsteht ein positives Zwischenprodukt, das dann ein Proton an die Abgangsgruppe überträgt:

$$Nu–H + R_3C–X \rightarrow R_3C–Nu + H^+ + X^- \rightarrow R_3C–Nu + H–X$$

Beispiele für beide Wege der nucleophilen Substitution zeigt ➤ Abb. 4.8.

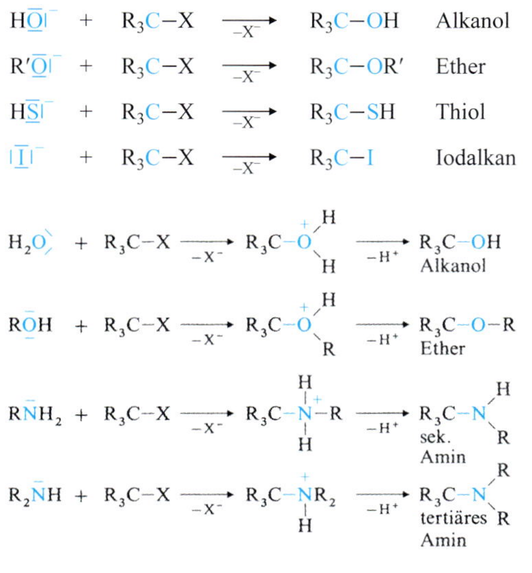

Abb. 4.8 Beispiele für nucleophile Substitutionen mit anionischen Nucleophilen (o.) und neutralen Nucleophilen (u.) [L253]

MERKE

Ein biochemisch bedeutsames Nucleophil ist S-Adenenosylmethionin (SAM). SAM fungiert in Substitutionsreaktionen als Donator für Methylgruppen, es entsteht S-Adenosylhomocystein, das wieder zu SAM regeneriert wird.

4.8.3 Reaktionen am ungesättigten Kohlenstoffatom

Ein ungesättigtes Kohlenstoffatom hat eine C=C- oder C=O-Doppelbindung. Die Doppelbindungen sind Angriffspunkte für Additionsreaktionen.

Eine Substitution findet an der Carboxylgruppe, –COOH, statt. Bei der Bildung von Carbonsäureestern und -amiden wird die OH-Gruppe der Carboxylgruppe substituiert.

Carbonsäureester

Carbonsäuren und Alkohole reagieren miteinander säurekatalysiert unter Wasserabspaltung zu **Estern:**

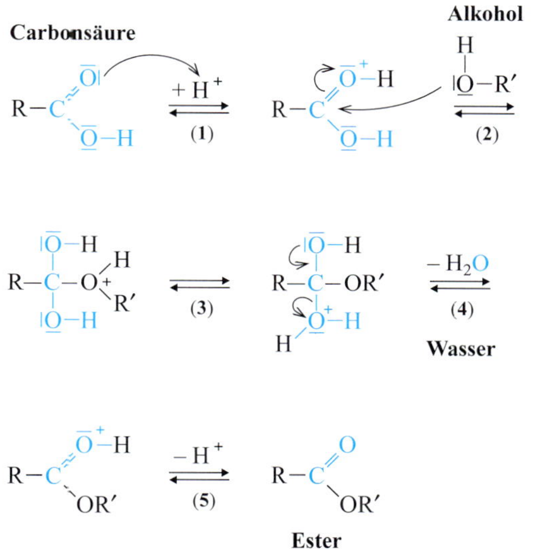

Ein Proton lagert sich am Carbonyl-C-Atom an (1) und erhöht damit die Elektrophilie des C-Atoms, das daraufhin vom Sauerstoff der OH-Gruppe des Alkohols nucleophil angegriffen wird (2). Das Proton des Alkohol-O-Atoms wird auf die Carboxyl-OH-Gruppe übertragen (3), mit der es ein Wassermolekül bildet, das abgespalten wird (4). Nach der Esterbildung wird das katalysierende Proton wieder abgegeben (5).

Die Reaktion ist reversibel. Die Rückreaktion ist die **saure Esterhydrolyse:** In saurem Milieu spalten sich Ester unter Wasseraufnahme in Carbonsäuren und Alkohole.

Die **alkalische Esterhydrolyse** ist dagegen irreversibel:

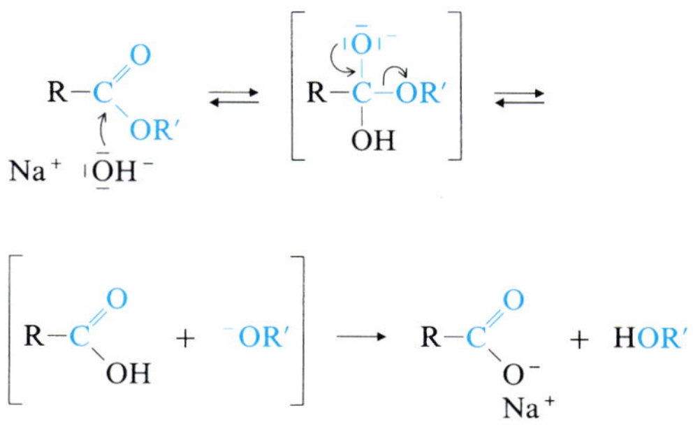

Das OH^--Ion ist stark nucleophil. Es bildet sich ein Zwischenprodukt, aus dem der Alkohol zunächst als Alkoholation verdrängt wird, das dann das Proton der Carboxylgruppe übernimmt.

Das entstandene Carboxylation ist kein Elektrophil. Es kann deshalb mit dem Alkohol keine Rückreaktion stattfinden. Das Carboxylation bildet mit dem Kation der Base das Salz der Carbonsäure. Da Seifen die Salze der Fettsäuren sind, wird die alkalische Esterhydrolyse auch als **Esterverseifung** bezeichnet.

Carbonsäureamide

In **Carbonsäureamiden** wurde formal die Carboxyl-OH-Gruppe durch ein Amin ersetzt.

Mit einem Proton des Amins ergänzt sich das OH^--Ion zu einem Wassermolekül, das bei der Reaktion abgespalten wird. Die Reaktion ist mit der Esterbildung vergleichbar. Sie ist allerdings stark endergon, sodass sie auf diese Weise im Organismus nicht abläuft.

In der Biosynthese der Carbonsäureamide wird am Carbonyl-C-Atom zunächst eine Esterbindung gebildet. Das C-Atom wird dadurch stärker elektrophil, es wird „aktiviert“. Erst im zweiten Schritt wird es durch ein freies Elektronenpaar des Stickstoffs nucleophil angegriffen.

MERKE

Carbonsäureamide bilden sich mit Ammoniak, primären Aminen, seltener mit sekundären Aminen.

Das Amin selbst ist neutral, es reagiert weder als Säure noch als Base. Durch die starke Polarisierung der C=O-Doppelbindung wird die Partialladung am C-Atom so positiv, dass sie das freie Elektronenpaar des Stickstoffs näher zu sich herüberzieht. Damit existiert am Stickstoffatom keine „negative Stelle“ mehr, an die sich ein Proton anlagern könnte. Das Stickstoffatom verliert seine Basizität.

Die C–N-Bindung gewinnt als Folge partiellen Doppelbindungscharakter. Die Elektronen wechseln zwischen den mesomeren Grenzstrukturen O=C–N und O–C=N:

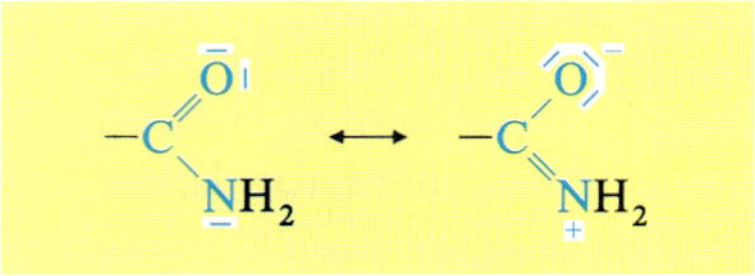

Durch die **Mesomerie** wird die Carbonsäureamidbindung stabilisiert. Carbonsäureamide sind energiereiche Verbindungen, ihre Bildung ist ein endergoner Vorgang. Entsprechend ist die Hydrolyse der Carbonsäureamide exergon. Dennoch sind die meisten Säureamide stabile Verbindungen. Die Hydrolyse startet nicht selbsttätig, sie muss durch Säuren, Basen oder Enzyme katalysiert werden.

MERKE

Säureamide bilden für die Zelle eine Möglichkeit, Energie in chemischer Form zu speichern.

- Die biochemisch wichtigste Amidbindung ist die Bindung zwischen Aminosäuren. Die Verbindung der Carboxylgruppe einer Aminosäure mit der Aminogruppe einer anderen Aminosäure wird **Peptidbindung** genannt.
- Die Verbindung zwischen Aminogruppe und Carboxylgruppe desselben Moleküls ergibt cyclische Amide, diese werden **Lactame** genannt. Je nach Größe des Rings ist der Stickstoff mit dem β-, γ- oder δ-C-Atom verbunden. Entsprechend werden die Lactame als β-, γ- oder δ-Lactame klassifiziert:

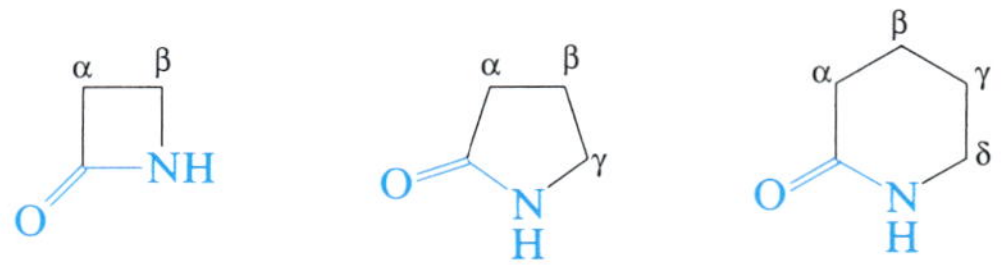

β-Lactam *γ*-Lactam *δ*-Lactam

Die **Hydrolyse** der Amide kann im sauren oder im alkalischen Milieu erfolgen. Sie ist in beiden Fällen irreversibel. Die Bedingungen müssen härter, d. h. saurer oder alkalischer, als bei der Esterhydrolyse gewählt werden.

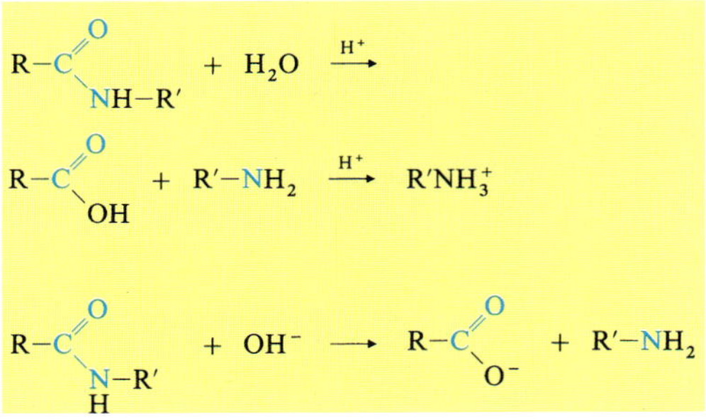

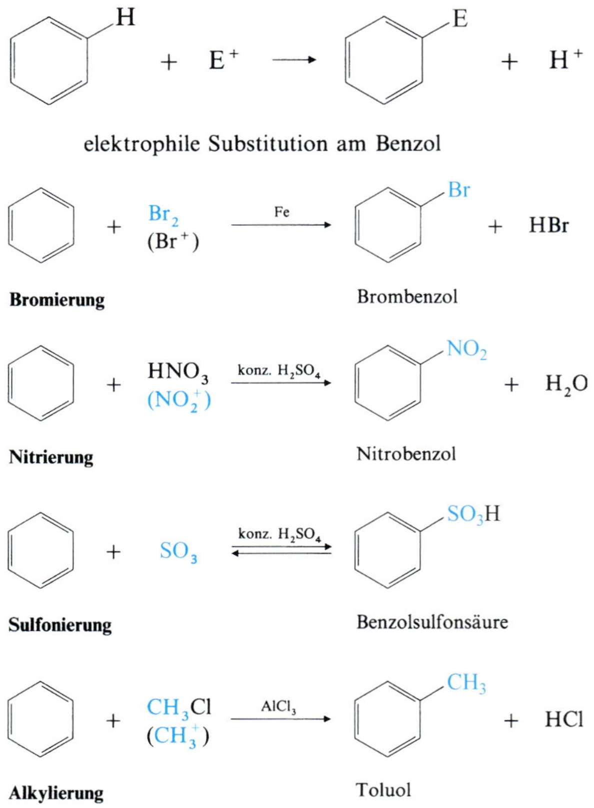

Abb. 4.9 Elektrophile Substitution am Benzol mit Beispielen [L253]

4.8.4 Aromaten

Der sechsgliedrige Kohlenstoffring der Aromaten ist durch konjugierte Doppelbindungen mesomeriestabilisiert. Diese energetisch günstige Struktur wird nicht aufgegeben. An den Doppelbindungen des Benzolrings finden deshalb keine Additionen statt.

Aromaten reagieren bevorzugt durch elektrophile Substitution. Die delokalisierten π-Elektronen bilden Ladungswolken entlang des Rings, oberhalb und unterhalb der Ringebene. Diese negativen Ladungen stellen die **nucleophilen Zentren** des aromatischen Rings dar, an denen die positiven Partialladungen der Elektrophile angreifen. Auf diese Weise können verschiedene funktionelle Gruppen an den Benzolring angefügt werden. Je nach Ladungsverteilung und Reaktionsvermögen der angreifenden Elektrophile ist für die Reaktion die Anwesenheit eines Katalysators erforderlich, Beispiele zeigt ➢ Abb. 4.9.

CHECK-UP

Was ist ein Radikal? Nenne 2 Beispiele für Radikale.

Jetzt bist du dran!

Überblick gewinnen

Notiere dir ca. 5 Stichwörter aus diesem Unterkapitel.

4.9 Sonstige Reaktionen

4.9.1 Nukleinsäuren

Die **Nukleinsäuren** codieren in allen Lebewesen deren genetische Information. Sie sind aufgebaut aus Phosphorsäure, den Zuckern Ribose oder Desoxyribose und den Nukleinbasen. Die Nukleinbasen leiten sich von den Heterocyclen Purin oder Pyrimidin ab. Alle Nukleinbasen sind Oxypurine bzw. Oxypyrimidine, d. h., ein Sauerstoffatom ist über eine Doppelbindung an den Ring des Heterocyclus gebunden.

Die Nukleinsäuren zeigen wie alle Oxypurine und Oxypyrimidine eine Keto-Enol-Tautomerie. Dies ist am Beispiel des Cytosins gezeigt:

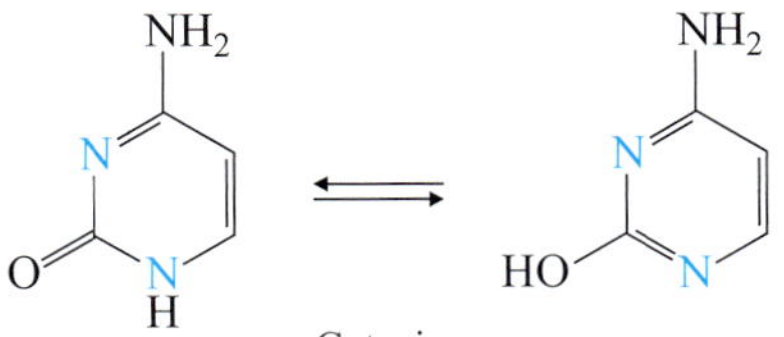

Cytosin

4.9.2 Carbonsäuren

Im Stoffwechsel ist die **Decarboxylierung** ein wichtiger Schritt im Abbau der Fettsäuren. Die Carboxylgruppe einer Carbonsäure wird abgespalten und es wird Kohlendioxid freigesetzt. Formal wird die Bindung zwischen dem Carbonyl-C-Atom und dem α-C-Atom gespalten und das Proton der ehemaligen Carboxylgruppe nimmt den Platz am α-C-Atom ein. Die Reaktion läuft nicht selbsttätig ab, sondern wird im Organismus durch die Enzyme des Fettabbaus katalysiert.

- Aus einer **α-Ketocarbonsäure** entsteht durch Decarboxylierung ein Aldehyd. Der Aldehyd kann in einem weiteren Schritt wieder zu einer Carbonsäure oxidiert werden, deren Kettenlänge dann im Vergleich zur ursprünglichen Säure um ein C-Atom verringert ist.
- Aus **β-Ketocarbonsäuren** werden durch Decarboxylierung Ketone:

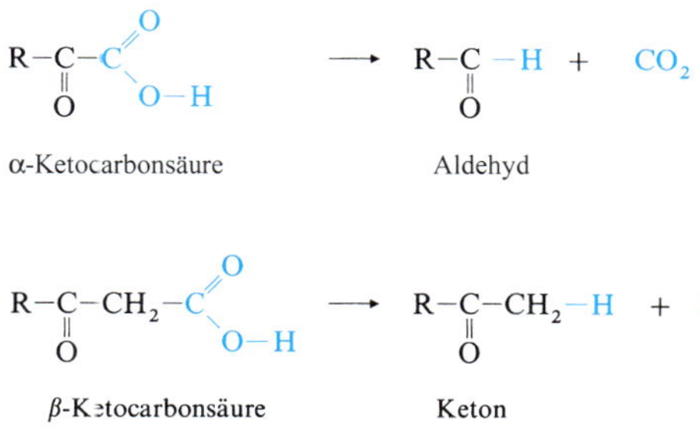

Darüber hinaus ist die Decarboxylierung organischer Säuren ein entscheidender Schritt zur Bildung verschiedenster für den Organismus wichtiger Stoffe. Beispielsweise entsteht Histamin, ein Botenstoff des Immunsystems, durch Decarboxylierung der Aminosäure Histidin:

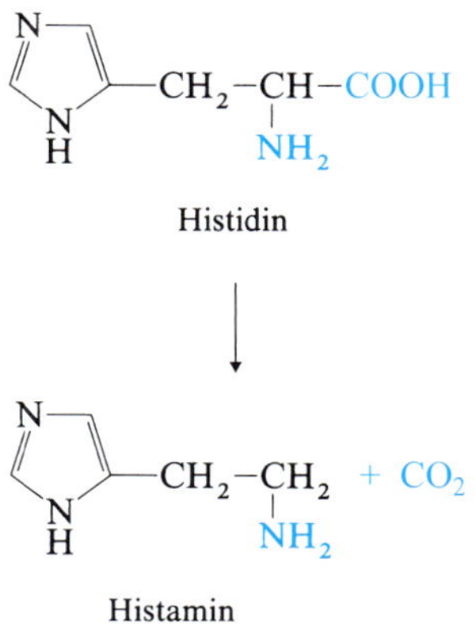

4.9.3 Anorganische Säuren

Für den Organismus wichtige anorganische Säuren sind Kohlensäure, H_2CO_3, Phosphorsäure, H_3PO_4, und Schwefelsäure, H_2SO_4.

Kohlensäure

Kohlensäure ist eine schwache zweiprotonige Säure. Sie ist instabil und zerfällt leicht in CO_2 und H_2O. Kohlensäure ist über das offene CO_2/Hydrogencarbonat-Puffersystem an der Regulation des pH-Werts im Blut beteiligt.

Wichtige Derivate der Kohlensäure sind Harnstoff und Guanidin:

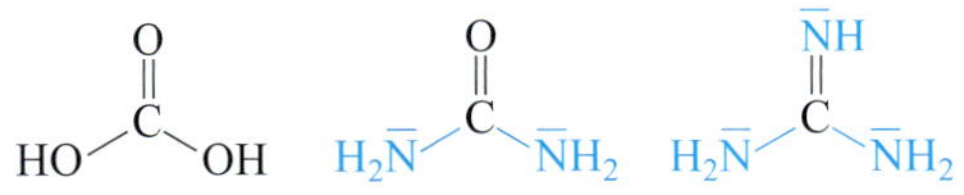

Kohlensäure Harnstoff Guanidin

MERKE

Im Organismus fällt Stickstoff als Abfallprodukt des Eiweißstoffwechsels an. Würde der Stickstoff in Form von Ammoniak freigesetzt, hätte dies unangenehme Folgen. Ammoniak ist für Zellen toxisch, es stört empfindlich den Säure-Basen-Haushalt.

Im Harnstoff sind die OH-Gruppen der Kohlensäure durch Aminogruppen ersetzt. Als Bestandteil des wasserlöslichen Harnstoffs kann Stickstoff aus dem Körper ausgeschieden werden.

Dem Harnstoff verwandt ist das Guanidin. Harnstoff entsteht im Stoffwechsel als letzter Schritt des Harnstoffzyklus durch die enzymatische Hydrolyse der Guanidylgruppe der Aminosäure Arginin.

MERKE

Merke dir die Strukturformel von Harnstoff. Sie wird in IMPP-Fragen zu diesem Thema oft vorausgesetzt.

Phosphorsäure

Neben ihrer Funktion im intrazellulären Phosphatpuffer erfüllen die **Verbindungen der Phosphorsäure** zahlreiche weitere für die Zelle wichtige Funktionen.

Phosphorsäureestern und -anhydriden kommt als energiereiche Derivate der Phosphorsäure im Stoffwechsel eine zentrale Rolle zu.

Genau wie Carbonsäuren kann auch Phosphorsäure mit Alkoholen **Ester** bilden. Prinzipiell sind Monoester, Diester oder Triester möglich:

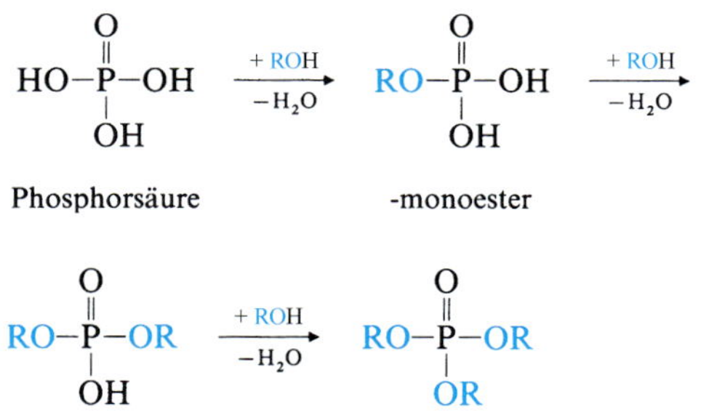

Phosphorsäure, -monoester, -diester, -triester

In der Natur spielen aber nur die Mono- und Diester der Phosphorsäure eine Rolle.

- cAMP, ein für die Informationsübertragung in Zellen wichtiges Molekül, ist ein cyclischer Phosphorsäurediester.
- Glycerin-3-Phosphat und Phosphoenolpyruvat sind ebenfalls Diester der Phosphorsäure. Beide sind an der Synthese von ATP beteiligt.
- In den Nukleinsäuren, wichtigen Bausteinen der DNA, sind die Zucker durch eine Phosphatgruppe als Diester verbunden.

Die Anhydridbindungen der Phosphorsäure sind energiereicher als ihre Ester. Die Verbindung **Adenosintriphosphat, ATP,** ist ein wichtiger Energiespeicher des Stoffwechsels. An das Adenosin sind drei Phosphatgruppen gebunden, die exergon abgespalten werden können. Der erste Phosphatrest ist an den Zucker des Adenosins über eine Esterbindung verknüpft. Die weiteren Phosphatgruppen sind als Anhydride gebunden:

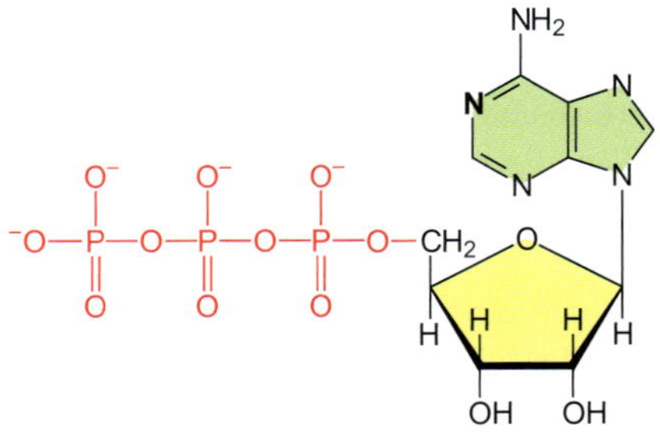

Adenosintriphosphat, ATP

Schwefelsäure

Schwefelsäure kann als zweiprotonige Säure mit Alkoholen Mono- und Diester bilden. Die Monoester können noch ein Proton abgeben, sie reagieren sauer.

Ein lipophiler Alkohol kann durch die Veresterung wasserlöslich werden. Im Stoffwechsel können so nicht abbaubare Alkohole und Phenole ausgeschieden werden.

Die notwendigen Sulfatreste $-SO_4$ werden im Organismus durch stufenweise Oxidation der SH-Gruppen der Aminosäure Cystein gebildet.

Derivate der Schwefelsäure sind die **Sulfonsäuren.** Der organische Rest ist hier direkt an das Schwefelatom gebunden. Die Amide der Sulfonsäuren, die sog. **Sulfonamide,** werden pharmazeutisch eingesetzt. Sie bilden eine Substanzklasse der Antibiotika:

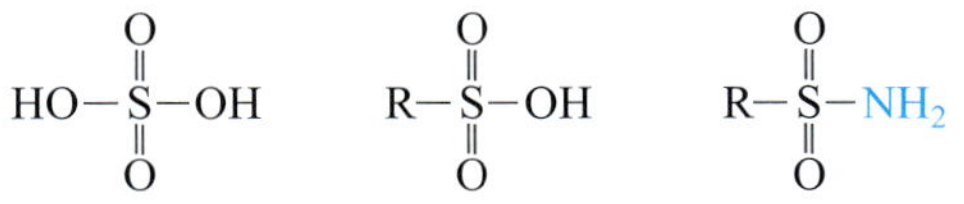

Schwefelsäure Sulfonsäure Sulfonsäureamid (= Sulfonamid)

CHECK-UP

Welche physiologische Bedeutung hat die Kohlensäure?

Jetzt bist du dran!

Überblick gewinnen

Notiere dir ca. 5 Stichwörter aus diesem Unterkapitel.

Jetzt bist du dran!

Zeichenaufgabe

Zeichne für jede der im Kapitel Additions- und Elimininationsreaktionen genannten Reaktionen der Carbonylgruppe den jeweiligen Reaktionsablauf anhand der Strukturformeln.

Anregungen zur weiteren Wiederholung

Sammle alle Formeln aus diesem Kapitel und lege eine eigene Formelsammlung an

Name der Formel	Formel	Aussage?

In diesem Kapitel wird ATP als phosphathaltige Verbindung genannt. Zeichne es. Markiere alle beteiligten Bausteine und die enthaltenen chemischen Verbindungen. Wozu ist ATP notwendig?
Zeichne ein Reaktions-Energie-Diagramm für eine exotherme Reaktion. Wofür wird der Katalysator benötigt? Zeichne je ein Diagramm mit und ohne Katalysator.

Überblick gewinnen

Nutze deine gesammelten Stichwörter für eine Mindmap oder eine gegliederte Stichwortliste.

Register

Notizen

Übersicht nach Fächern

Du vermisst die Fächer? Bitte sehr, hier siehst du die Kapitel der Vorklinik-Finale-Reihe nach Fächern sortiert! Viele Kapitel kombinieren Inhalte mehrerer Fächer und werden deshalb mehrfach genannt. Die Übersicht nach Heften/Organen findest du am Anfang dieses Heftes.